高次元空間を見る方法

次元が増えるとどんな不思議が起こるのか

小笠英志　著

カバー装幀／芦澤泰偉・児崎雅淑
カバーイラスト／大久保ナオ登
本文デザイン／齋藤ひさの(STUDIO BEAT)
本文イラスト／大久保ナオ登
本文図版／さくら工芸社

はじめに

　本書は、「高次元空間」というものについての入門書です。読者としては、高次元や4次元、異次元という言葉を科学入門書やSF小説、SF映画、SFアニメなどで聞いたことがあって、それらに興味を持っている人を想定しています。

　本書の本文では、数学や物理で、高次元や4次元、高次元空間、4次元空間という言葉をどのように使っているのか、というところから説明をします。

　SF小説やSF映画で、高次元や4次元というと、宇宙が歪(ゆが)んでいるとか、テレポーテーションができるとか、時間旅行が可能だとか、なんだか不思議なことと関連して出てきます。

　ところで、本書の読者のみなさんならご存じとも思いますが、高次元、4次元というのは、世界中の研究所で研究されていますし、世界中の多くの大学で、1～2年で習い始めます。

　本書では、SF小説やSF映画に出てくる、高次元や4次元の関連する不思議な話のうち、どのくらいのことが、実際に真面目に研究されていることなのかも紹介します。

　たとえば、スポーツや音楽の興味のある活動があったとして、それがどんなものか知りたいと思ったら、実際に少しやってみるのがいちばんです。みなさんも、そう思うことでしょう。ということで、本書は、読者のみなさんが、実際に高

次元の図形を作ったり、動かしたり、見たりする体験ができるように準備しました。やってみてください。

具体的にいうと、たとえば、次のようなことを見ることができます。本文でいくつか言葉を用意してからでないと詳しくはいえませんので、ここでは、ごく大雑把にあえてSF調でお話しします。

我々のこの世で、我々の目の前でひもが結ばれていたとします。図0.1のように、ひもの両端の片方を右手で、もう一方を左手で握っていて、絶対に離さないで、そして絶対にひものその場所から手を動かさずにほどくことができるでしょうか？

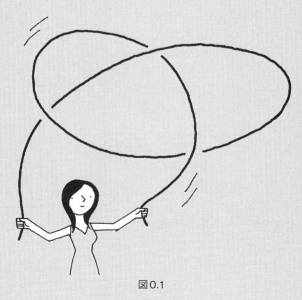

図0.1

ここで、「ほどける」というのは、図0.1の状態から図0.2の状態に、「ひもと手と体のどれかが、ひもと手と体のどれかに交叉する」ことがないように、持っていけるという意味です。

図0.1のひもは、ほどけません。

しかし、実は、もしも4次元があって、それを使えるのならば、図0.1のひもを両端の両手を離さずにほどくことができるのです。

では、ここで、今度は、4次元や高次元ではなんでもかんでもほどけてしまうのか？ すなわち、「結ばれる」という

図0.2

概念はないのか？　と思うのは自然な疑問でしょう。
　実はあります。それについても本書は説明します。

　こういうSFのようなことが、実際に数学では真面目に研究されているのです。それなりに本気で高次元を数学的に考えるとなると、難しい数学が必要なのではないか、と心配になる読者の方も中にはいらっしゃるかもしれませんが、心配は無用です。次のことがわかる人ならば、十分、読み進められます。本書を手に取ったみなさんなら、絶対できると思います。

　図0.3をご覧ください。この図は何の絵ですかといわれれば、みなさんなら、これは立方体の見取り図だとわかるでし

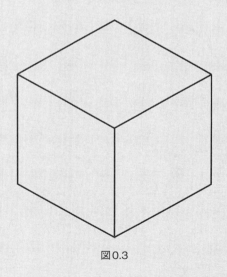

図0.3

ょう。しかし、これは、平面に菱形を3個描いたものだといわれれば、そうとも見えます。実際、平面に菱形を3個描いたものです。

　つまり、平面に菱形を3個描いたものから、立方体という空間図形をみなさんは想像できているということです。よく考えると、人間にはかなり結構な想像力があるわけです。

　このような想像力を使って、「高次元」を感じて、見て、「高次元の図形」を作って、動かしていきます。想像を逞しくして本書を読み進めていってください。具体的な高次元の図形は、これからいくらか準備した後にお見せします。

　本書は物理や数学や宇宙論などの科学が好きな人なら余裕で読めますし、将来、数学者、物理学者になりたいと本気で思っている優秀な小中学生ならチャレンジできます。もしも、あなたがそういう少年少女だったら、ぜひ挑戦してみてください。大人の読者の方は近くにそういう少年少女がいたら、さりげなく薦めてあげてください。

　本書では、厳密な説明よりも初心者向けの直感的な説明を優先しました。

　本書を読んで、高次元に興味を持った方は、本書を読んだ後に、本書よりも上のレベルの本にぜひとも進んでください。参考文献を巻末に挙げてあります。

　とりあえず今は、本書の前のほうだけでも、ある程度理解できれば、高次元を研究する才能があります。頑張ってください。

もくじ ● 高次元空間を見る方法

はじめに ……………………………………………………………………… 3

Part 1
高次元空間とは

**高次元空間という言葉を
数学的にきちんと説明しておきましょう** …………… 15

- **1** 直線、平面、空間 ……………………………………………… 17
- **2** 板チョコ、羊羹 ………………………………………………… 30
- **3** 0次元空間 $\mathbb{R}^0$、1次元空間 $\mathbb{R}^1$、2次元空間 $\mathbb{R}^2$、3次元空間 $\mathbb{R}^3$、4次元空間 $\mathbb{R}^4$、…、n次元空間 $\mathbb{R}^n$、… …… 38
- **4** 高次元が見たいですよね ……………………………………… 55

Part 2
高次元の出てくる例

**日常レベルのことを調べることから
経済や自然観測まで、かなり多くのところで
高次元空間は基本事項である** ········ 59

5 地球上でいつでも無風状態地点が1個はあるという
話を聞いた人もいることでしょう········ 61

6 複素関数 ········ 63

7 経済 ········ 65

8 物理 ········ 65

9 高次元が自然な発想なのはわかった。高次元が「見える」のもわかった。しかし、では、高次元に「行ける」のか？ ········ 67

Part 3
宇宙について

**我々の存在している宇宙について
少しばかり** ········ 69

10 我々の住んでいる世界で時間がズレる：相対論 ········ 70

☕ **幕間** ── 時間について ── ········ 73

11	我々の住む宇宙の形	74
☕幕間	― 標準理論 ―	75
12	我々の世界が実は高次元だ：超弦理論	76

Part 4
結び目がほどける？

高次元空間を見るとはどのような精神状態か体験させてさしあげましょう ········ 79

| 13 | 3次元空間 $\mathbb{R}^3$ の中の円周 | 81 |
| 14 | 3次元空間 $\mathbb{R}^3$ の中では結ばれていた円周が、4次元空間 $\mathbb{R}^4$ の中では必ずほどける | 96 |

Part 5
4次元で結ばれる

4次元空間の中でもやはり、結ばれるものはある。4次元空間を直感力で念想しよう ········ 121

| 15 | 4次元空間 $\mathbb{R}^4$ の中の球面 S^2 | 122 |
| 16 | 球面 S^2 は4次元空間 $\mathbb{R}^4$ の中で結ばれる | 126 |

Part 6
高次元で結ばれる

**高次元空間の中でも
やはり、結ばれるものはある。
高次元空間を気合いで直覚する** 153

17 3次元球面 S^3、n 次元球面 S^n（n は 4 以上の整数） 154

18 $(n+2)$ 次元空間 $\mathbb{R}^{n+2}$ の中で n 次元球面 S^n は結ばれる
（n は 3 以上の自然数） 169

Part 7
次元を1つ上げる

**次元を1個上げれば
右手系、左手系は区別できない。
次元を1個上げることを想像して直観する** 177

19 右手系、左手系 178

20 次元を1つ上げれば、右手系、左手系は区別できない 181

雑記 オイラーの公式 $e^{i\theta} = \cos\theta + i\sin\theta$ を、
高校数学で納得する一方法 186

Part 8
高次元空間で操作する

**高次元空間の中の図形を
局所の操作だけで変形するようすを観照する** ……… 195

21 1次元結び目に施す局所操作：交叉入れ替え ……………… 196

22 2次元結び目に施す局所操作 …………………………………… 199

23 n 次元結び目に施す局所操作（n は3以上の自然数）……… 209

Part 9
3次元だけでも高次元が必要

**3次元空間 $\mathbb{R}^3$ の中だけ考えていても高次元の、
しかも、複雑な図形が出現する** ……………………………… 217

24 高次元の図形いろいろ ………………………………………… 218

25 3次元を調べるために高次元が必要になる数学の例：
3次元空間 $\mathbb{R}^3$ の中の各結び目に対応するコバノフ
（・リプシッツ・サーカー）・ステイブル・ホモトピー・
タイプという高次元の図形 …………………………………… 221

参考文献について	227
参考文献	228
動画の紹介と謝辞	232
さくいん	234

Part 1

高次元空間とは

**高次元空間という言葉を
数学的にきちんと説明しておきましょう**

本書の読者のみなさんは、高次元や4次元、高次元空間、4次元空間という言葉を、SF映画やSF小説、SFアニメで聞いて興味を持っていることでしょう。

　これもご存じかと思いますが、数学や物理で、高次元や4次元、高次元空間、4次元空間は真面目に研究されています。

　それらの研究の一端を紹介するのが本書の目的ですが、まずは数学や物理で、これらの言葉がどのように使われているのかを説明をします。あるいは、使われていないかを説明します。

　SFで、高次元、4次元というと、宇宙が歪んでいるとか、テレポーテーションができるとか、時間旅行が可能だとか、なにやら一見摩訶不思議なことと関連して登場します。本書では、そういう一見摩訶不思議な話のうち、どのくらいのことが実際に真面目に研究されていることなのかも紹介します。

　まあ、もっとも、SF小説やSF映画では、そういう言葉は、フィクション世界内のなにか、心地よく秘密めいたものであったり、その作品のなんらかのテーマや精神性の象徴であったりすることもあります。その場合は、科学無視のご都合主義な設定になっていることもありますので、高次元や4次元という言葉に、そのようなご都合主義の珍妙なイメージは、くれぐれもお持ちにならないように。

　まず、異次元や異次元空間という言葉の説明をしましょう。

　異次元という言葉も異次元空間という言葉も、我々の空間

とは違う、我々の空間とは別のところにある、なんだか不思議な空間とか、奇妙な空間といった程度の意味です。数学用語ではありません。ここで数学用語といったのは、数学者ほぼ全員に明確に意味が通じるような語という意味です。

上記で空間といったのも、場所とかところの意味の日常用語です。これも、ここでは数学用語ではありません。

高次元というのは数学用語です。ここPart1で説明します。

1 直線、平面、空間

これから、直線や平面、空間、次元について説明をしていきますが、その前に無定義語というものについて話しておく必要があります。

定義というのは、ある言葉が、どういう意味か、どういうものかという約束のことです。たとえば、二等辺三角形の定義は「三辺のうち二辺の長さの等しい三角形」です。

無定義語というのは、定義の無い言葉です。もう少し説明しておきましょう。

たとえば、点というのは無定義語です。しかし、「点は直線2本の交わるところだ」と定義すればよいという人がいるかもしれませんが、では、「直線とは何だ？」「2とは何だ？」「交わるとは何だ？」ということになって、これらの言葉を定義しないといけなくなります。点とは大きさがなくて、位置だけ持つもの、と定義すればよいという人もいるか

もしれませんが、これも、「大きさとは何か？」「位置とは何か？」「ものという言葉の意味は？」となって、これらの言葉を定義しないといけなくなります。

　ある語を定義しようとしたら、別の語を使うことになってその語を定義しないといけない、ということに次々となっていき、結局、定義の無い語、無定義語というものが存在することになるわけです。

　本書の読者のみなさんなら、無定義語というものがこの世にあるということは、知っていたと思います。少なくとも無意識には、気づいていたことでしょう。

　定義が無い言葉があるのに、他人とそれらの言葉を使って意思疎通できるのは、どうしてだろうか、と不思議に思う人もいるかもしれませんが、そういうことは数学や理論物理では考えません。真面目に数学や理論物理を研究している人達は、そんなことを考えるのは空虚なことだと思っています。そんなことよりも、たとえば、この本で紹介するような高次元の図形の形や動きについて考える方がずっと意味のあることです。

　本書では、無定義語は、いちいち無定義語といわないで使い出すこともあります。また、みなさんが定義を知っているような語も、いちいち定義を復習せずに使うこともあります。みなさんなら、どちらの理由で定義が書かれていないか、迷わず判断できる場合はそうしてあります。

　さて、ここ 1 では、直線や平面、空間というものについて話します。次元については 3 で話します。

まずは、実数すべての集まりを考えてみてください。0とか、1とか、-0.5とか、円周率πとか、すべての実数の集まりを考えます。高校か中学で集合という数学用語を習った方は、実数の集合を考える、という意味です。本書では集合という言葉や、集合に関して出てくる数学用語は特に知らなくても大丈夫です。

実数は無限個ありますので、この集まりは無限個のものからなる集まりです。

さて、実数すべての集まりは、直線と同じものと思うことができるということは、小学校や中学校でも習います。これは、ごくごく自然なこととして、人類の文明が始まって以来、やってきたことだと思います。少なくとも無意識には、やっていたでしょう。

実数の値xをその直線上のある点と思うことができます。そのとき、xをその点の座標だと思うことができます。図1.1のように描くのでした。

図1.1

さて、次に、実数 2 個の順番の決まった組 (x, y) のすべての集まりを考えます。

 $(1, 2)$ とか、$(-0.1, 2.4)$ とか、$(-\pi^2, \pi)$ とかのすべての集まりのことです。ここで、$(2, 3)$ と $(3, 2)$ は、別のものだということに注意してください。順番を考えています。順番が違えば別物です。

「実数 2 個の、順番の決まった組 (x, y) のすべての集まりを平面と同じものと思うことができる」というのも、小・中学校以来習っていることです。これも、人類の文明が始まって以来、自然なこととして、少なくとも無意識には、やってきたことと思います。

 (x, y) をその平面上のある点と思うことができます。そのとき、(x, y) をその点の座標と思うことができます。図1.2のように描くのでした。

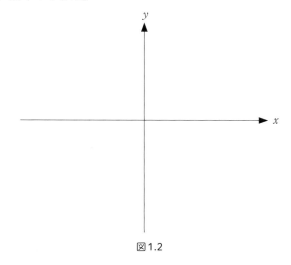

図1.2

Part 1 高次元空間とは

さて、ここで、x軸、y軸をとるときに、$(0, 0)$で、x軸、y軸が交わるようにとってもとらなくてもどちらでもよいです。

ところで、みなさんの中には、次のようなことを気にする人がいるかもしれません。

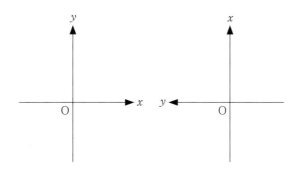

図1.3

x軸、y軸をとるときに、図1.3のどちらのようにとればよいのだろうかと。図1.3では、x軸、y軸をとるときに、$(0, 0)$で、x軸、y軸が交わるようにとっています。

ご存じの方も多いと思いますが、図1.3の2つは、図1.4のように、図1.3の左の図を反時計まわりに90度回転させれば、図1.3の右の図になります。あるいは、見ている我々が

顔をまわしてもよいです。そういう意味で、この2つは同じものです。

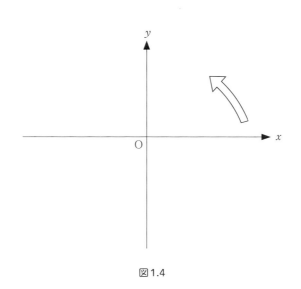

図1.4

　では、図1.5に描かれたx軸、y軸のとり方は、どうでしょうか。この2つは、平面の中で、どう動かしても重なり合うようにできないことが知られています。そういう意味では別のものです。

　平面を飛び出して空間の中で移動させたら、重ね合わせられると思うかもしれませんが、その通りです。平面の中での移動では無理ということです。そのあたりと関連して、少し掘り下げた話をPart7でお話しします。

Part 1　高次元空間とは

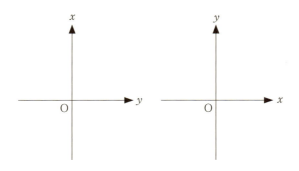

図1.5

　今度は、実数3個の、順番の決まった組 (x, y, z) のすべての集まりを考えます。

 $(1, 2, 5)$ とか、$(-0.1, 2.4, 81)$ とか、$(-\pi^2, \pi, -\sqrt{\pi})$ とかのすべての集まりのことです。ここで、次のことに注意してください。$(1, 2, 3)$ と $(1, 3, 2)$ と $(2, 1, 3)$ と $(2, 3, 1)$ と $(3, 1, 2)$ と $(3, 2, 1)$ の6個から、どの2個を取ってきても、その2個は、お互いに別のものです。順番を考えていますので、順番が違えば別物です。

　実数3個の、順番の決まった組 (x, y, z) のすべての集まりを図1.6のような図形と同じものと思うことができます。この図形を、時に「空間」というのも聞いたことがあるでしょう。

ただし、空間という語はいろいろな場所で、いろいろな意味で使われます。本書でもそうです。
　これも、小学校か中学校以来習っていることです。これまた、人類が文明を手に入れてから、ごくごく自然なこととして、少なくとも無意識には、やってきたことだと思います。
　(x, y, z) を、この空間に含まれるある点と思うことができます。このとき、(x, y, z) をその点の座標と思うことができます。

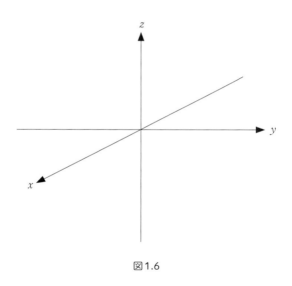

図1.6

　さて、ここで、x軸、y軸、z軸をとるときに、$(0, 0, 0)$で、x軸、y軸、z軸が交わるようにとってもとらなくてもどちらでもよいです。
　例をお見せします。$(1, 2, 3)$は、図1.7の位置にあります。

Part 1　高次元空間とは

ここでは、x軸、y軸、z軸は$(0, 0, 0)$で交わっています。点$(0, 0, 0)$をO（アルファベットのオー）と書きます。

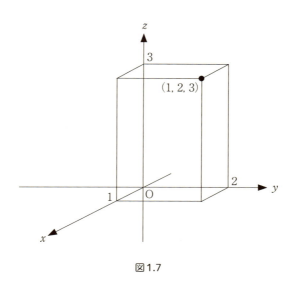

図1.7

図1.7の中に、図1.8のように、直方体が浮かんで見えてきて立体感が摑めていますか。

ちなみに、$(2, 1, 3)$は図1.9の位置です。図1.7との違いを確認してください。

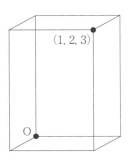

図1.8

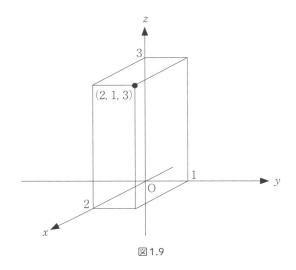

図1.9

Part 1 高次元空間とは

　このように、我々は、平面の絵と文章から立体を頭に思い描くことができます。さらに、平面の絵と文章から、高次元の図形を見ることができるのです。本書のここから先には、読者のみなさんが、それを体験できるように準備してあります。やってみてください。

　ここでも、中には次のことを気にする人がいるかもしれません。

　図1.10のx軸、y軸、z軸の置き方3つは同じだろうかと。

　ご存じの方も多いと思いますが、この3つは、空間の中で移動して重ね合わせられます。そういう意味で、この3つは同じものです。

　同様に、図1.11のx軸、y軸、z軸の置き方3つは、空間の中で移動して重ね合わせられるという意味で同じものです。では、図1.10のx軸、y軸、z軸の置き方と、図1.11のx軸、y軸、z軸の置き方とは、どうでしょうか？

　この2つは、空間の中で、どのように動かしても重なり合うようにできないことが知られています。そういう意味では違うものなのです、ということは、別の意味では、同じものなのかと思う人もいるかもしれません。そのあたりの話を少し掘り下げて、図1.5の直前に予告した話と合わせて、Part7でお話しします。

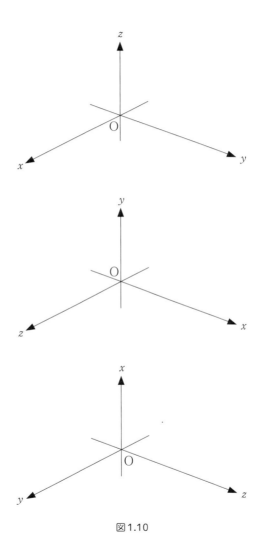

図 1.10

Part 1 高次元空間とは

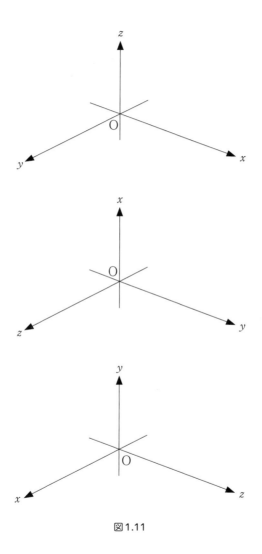

図1.11

2 板チョコ、羊羹

さて、4次元や高次元の説明をするために、身近なものを持ってきて話を始めます。

バーベキューを作るときに、肉を刺す鉄の串があります。あの鉄の串を想像してください（図2.1参照）。

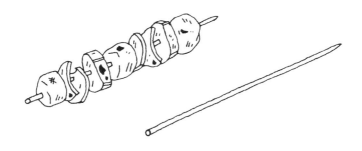

図2.1

さて、肉は食べてしまって、この鉄の串だけがあったとします。鉄の串はある程度温まっているとして、鉄の串の各点の温度がどうなっているか、グラフを描いてみましょう。ここで、鉄の串は直線と見なせるとします。

Part 1 高次元空間とは

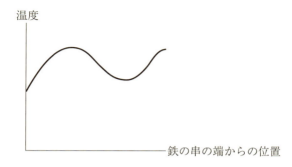

図 2.2

図2.2のように、平面に描くことになります。
さて、次は、図2.3のような板チョコを用意します。

図 2.3 板チョコ

今度も板チョコの各点の温度がどうなっているか、グラフを描いて表してみましょう。ここで、板チョコの厚さはゼロ

と見なせるものとします。

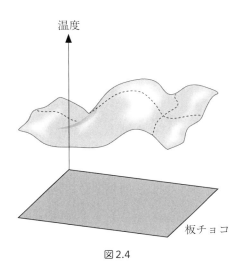

図2.4

　図2.4のように、空間の中に曲面のグラフを描くことになります。

　では、次は、羊羹を用意してください。鉄串とチョコの話は、実は、この羊羹の話のための準備でした。羊羹はごく普通の形、図2.5のような中身の詰まった直方体のものを用意します。

　今度も羊羹の各点の温度がどうなっているか、グラフを描いて表してみましょう。
　さて、どうなるでしょう？

Part 1 高次元空間とは

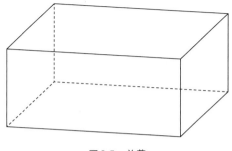

図2.5 羊羹

「どこ」にグラフを描きますか?

　鉄串の場合を思い出しましょう。鉄串は直線で、グラフを描くところは平面でした。板チョコの場合は、板チョコは平面で、グラフを描くところは空間でした。今考えている羊羹の場合、どのような図形の中にグラフを描きますか? なんだか不思議な図形を考える必要があると容易に推測できることでしょう。

　その説明をする前に、すこし 1 で説明した「空間」を思い出してみましょう。

　空間は、図2.6のように、平面が直線の方向に動いていってできます。平面が通った跡が空間になるのは、みなさんご存じの通りです。通ったところ全部を合わせたものが、ということです。中学・高校で習った、「軌跡」の意味です。

　さて、羊羹の各点の温度がどうなっているか、のグラフを描くべき場所は、以下に述べるような図形になることはみなさんも予想されたことでしょう。

33

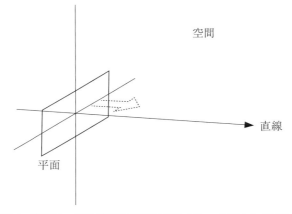

図2.6 空間は、平面が直線の方向に動いていった跡としてできる

羊羹の各点を表すのには、たて、よこ、高さの3個の実数が必要です。それに各点の温度が必要ですから、グラフを描くべき場所としては、「実数4個の、順番の決まった組(x, y, z, t)のすべての集まり」を考える必要があります。

$(1, 2, 5, -3)$とか、$(-0.1, 2.4, 81, 100)$とか、$(-\pi^2, \pi, -\sqrt{\pi}, -\sqrt{7})$とかのすべての集まりのことです。順番を考えています。順番が違えば別物です。たとえば、$(1, 2, 3, 4)$と$(4, 3, 2, 1)$は、別のものであることに注意してください。

「実数4個の順番の決まった組(x, y, z, t)のすべての集まり」を考えていました。tを0とか、1とか、1つの実数に定めます。x, y, zは実数すべてをとります。すると、それは空間と思うことができます。そして、tはすべての実数をとるのですから、空間をtの方向に動かす感じになるというのは、みなさんもわかっているでしょう。

t がすべての実数をとるので、t すべての集まりは直線です。なので、「実数4個の順番の決まった組 (x, y, z, t) のすべての集まり」を表す図形は、 1 で説明した意味での空間を直線の方向に動かしていってできる跡となっている図形と思うことができる、というのはみなさんならわかるでしょう。ただし、動かしていく方向（直線の方向）は、この空間の中にはない方向です。図2.6から連想してください。

この第4の方向が、本当にこの世にあるかどうかということは気にせず、頭の中で考えることはできるというのは、みなさんならわかるでしょう。今、頭の中で、図2.7のような概念的な図が浮かんでいることでしょう。

ここにグラフを描く

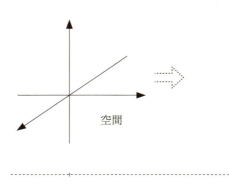

図2.7 実数4個の順番の決まった組 (x, y, z, t) のすべての集まりを表す図形は空間が直線の方向に動いていって、その通った跡としてできる

「実数4個の順番の決まった組 (x, y, z, t) のすべての集まりを表す図形」は、もちろん本当は、平面に描ける図ではありません。

そもそも、立方体などの空間図形を平面に描くのも本当の絵ではなくて、あくまでも見取り図です。そして見取り図から、観た人の想像力で立体を想像しているのです。

図2.7のようなものを、空間に立体模型として作ったとしても、それも本当の図でなくて概念図です。

本書では、これから、こういう概念的な図や絵を描いて念想しながら話を進めていきます。頑張って、想念を浮かべてください。

t を時間と思って、図2.7を、空間の、時間の経過を表していると思った方が理解できるという人は、そう思ってもよいです。しかし、t を時間と思わなくてもよいです。思っても思わなくても、どちらでもよいです。実際、ここでは、時間ではなくて温度でした。

図2.7のようなものをイメージすることは、昔からごくごく自然に、行われていたことだと思います。および、図2.7に関してここでした説明も、昔から自然にされていたことだと思います。みなさんにとっても自然な発想だと思います。

さて、板チョコの話に戻って、次のことを考えてみましょう。

板チョコの各点で、その点を中心にした一辺1mmの正方形を考えます（端の方では正方形の中にチョコのない空の部分が含まれます）。その正方形の中に砂糖が何グラム入っているかを、各点の糖度と呼ぶことにします。

Part 1 高次元空間とは

　板チョコの各点に、温度と糖度のそれぞれを対応させるグラフを描きます。各点の位置を表すのに、たて、よこで実数が2個要ります。たての方をx、よこの方をyで表しましょう。そして各点に温度と糖度で2個の実数が要ります。温度をt、糖度をsで表しましょう。各点に4個の実数が対応しますので、グラフを描くべき図形は、「実数4個の順番の決まった組(x, y, t, s)のすべての集まりを表す図形」です。もちろん、空間に温度を対応させるグラフと糖度を対応させるグラフを重ねて我慢することもできますが、重ならないようにのびのび描こうと思ったら、「実数4個の順番の決まった組(x, y, t, s)のすべての集まりを表す図形」に描く方が気持ちよいです。

　さて、今度は次のことを考えてみましょう。
　羊羹の各点で、その点を中心にした一辺1mmの立方体を考えます（端の方では立方体の中に羊羹のない空の部分が含まれます）。その立方体の中に砂糖が何グラム入っているかを、各点の糖度と呼ぶことにします。
　羊羹の各点に、温度と糖度のそれぞれを対応させるグラフを描きます。各点の位置を表すのに、たて、よこ、高さで実数が3個要ります。たてをx、よこをy、高さをzで表しましょう。そして各点に温度と糖度で2個の実数が要ります。温度をt、糖度をsで表しましょう。各点に5個の実数が対応しますので、グラフを描くべき図形は、「実数5個の順番の決まった組(x, y, z, t, s)のすべての集まりを表す図形」というのは、今までの議論の流れから、みなさんも思いついているでしょう。

では、どのような図形でしょうか？

みなさんなら、想像できることと思います。そう、「実数4個の順番の決まった組(x, y, z, t)のすべての集まりを表す図形」が直線の方向に走った跡としてできる図形です。ここで、直線の方向に走るというところに書いてある直線の方向というのは、「実数4個の順番の決まった組(x, y, z, t)のすべての集まりを表す図形」の中にはない方向です。

「実数5個の順番の決まった組(x, y, z, t, s)のすべての集まりを表す図形」を考えるときは、たて、よこ、高さ以外に2個の方向が要りますので、たて、よこ、高さ以外の方向を時間と思うわけにはいきません。なぜなら、日常感覚では時間は一方向だからです。柔軟な想像力が要ります。みなさんなら大丈夫でしょう。

このように、「実数5個の順番の決まった組のすべての集まりを表す図形」について想像することも昔からごくごく自然に、やられていたと思います。みなさんにとっても自然な発想だと思います。

3　0次元空間 $\mathbb{R}^0$、1次元空間 $\mathbb{R}^1$、2次元空間 $\mathbb{R}^2$、3次元空間 $\mathbb{R}^3$、4次元空間 $\mathbb{R}^4$、…、n次元空間 $\mathbb{R}^n$、…

前の の話をふまえて、次元という言葉を、ある程度、数学的にきちんと決めておきましょう。

また、いくつか数学の記号を導入します。その方が説明がしやすいし、みなさんが理解しやすいと思うからです。

実数すべての集まりを考えてみてください。実数すべての

集まりは図3.1のような直線と同じものと思うことができるということを、前の 2 で述べました。

ここで、言葉を導入しておきます。〜〜〜〜や・・・・は、ものの集まり、または図形とします。
「〜〜〜〜と・・・・を、同じものと思う」というのを、「〜〜〜〜と・・・・を同一視する」という言い方をします。

たとえば、上記のことを、実数すべての集まりを直線と同一視する、というのです。

実数すべての集まりのことを $\mathbb{R}$ と書くことにします。実数は英語で real number といいます。real number の real の r をとって、$\mathbb{R}$ と名付けられたのでしょう。

実数の値 x をその直線上のある点と思うことができます。そのとき、x をその点の座標と思うことができます。この直線を **1次元空間** $\mathbb{R}^1$ と呼びます。

1次元空間 $\mathbb{R}^1$ の中の $\mathbb{R}$ は、実数すべての集まり $\mathbb{R}$ が由来です。右肩の1は、$\mathbb{R}^1$ の中の点は、実数1個で場所が決まるからです。
「1次元空間 $\mathbb{R}^1$」で1つの記号と思ってください。

1次元空間 $\mathbb{R}^1$ を、1次元空間 $\mathbb{R}$ と書くこともあります。気持ちをいうと、3^1 を3と書いたり、数式 x^1 を x と書くような気持ちです。

$$\longrightarrow x$$

図 3.1

　次に、実数 2 個の、順番の決まった組 (x, y) のすべての集まりを考えます。

　実数 2 個の、順番の決まった組 (x, y) のすべての集まりを図 3.2 のような平面と同一視できる、というのも、前の **2** で述べました。

　(x, y) をその平面上のある点と思うことができます。そのとき、(x, y) をその点の座標と思うことができます。この平面を **2 次元空間** $\mathbb{R}^2$ と呼びます。

　$\mathbb{R}$ は実数すべての集まりの $\mathbb{R}$ です。右肩の 2 は、$\mathbb{R}^2$ の中の点は実数 2 個で場所が決まることが由来です。

Part 1　高次元空間とは

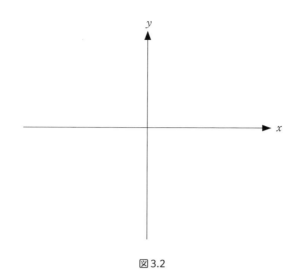

図3.2

　同様に、実数3個の順番の決まった組(x, y, z)のすべての集まりを考えます。

　実数3個の、順番の決まった組(x, y, z)のすべての集まりを、図3.3のような空間と同じものと思うことができました。このことも、前の 2 で述べました。

　(x, y, z)を、この空間に含まれるある点と思うことができます。このとき、(x, y, z)をその点の座標と思うことができます。この空間を**3次元空間** $\mathbb{R}^3$と呼びます。

　$\mathbb{R}$は実数すべての集まりの$\mathbb{R}$です。右肩の3は、$\mathbb{R}^3$の中の点は実数3個で場所が決まることが由来です。

41

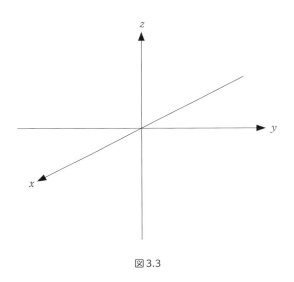

図3.3

　ここで、用語についての注意ですが、「空間」という語は、ときどき、3次元空間という意味でも使います。前の 2 でもそうでした。

　ですが、1次元空間とか2次元空間という語の最後の2文字の「空間」は3次元空間という意味ではないです。この「空間」という語は、なんとなく場所とかそういう意味から来ていますが、「2次元空間」や「3次元空間」で1つの数学用語です。あまり、そのようなところで悩まずに、先に進んでください。

　座標を(x, y)で表す2次元空間$\mathbb{R}^2$をxy平面$\mathbb{R}^2$、もしくはxy空間$\mathbb{R}^2$という言い方もします。

Part 1　高次元空間とは

　同様に、座標を(x, y, z)で表す3次元空間$\mathbb{R}^3$をxyz空間$\mathbb{R}^3$という言い方もします。

　座標をxで表す1次元空間$\mathbb{R}^1$をx空間$\mathbb{R}^1$というような言い方も、本書ではたまにします。
　ところで、0次元空間$\mathbb{R}^0$というのは、どういうものでしょう？　ここまでの話から類推してみてください。
　0次元空間$\mathbb{R}^0$というと、1点のことと定義します。
　大雑把にいうと、$\mathbb{R}^1$は1つの方向を持っています。
　$\mathbb{R}^2$は2つの方向（たて、よこ）を持っています。
　$\mathbb{R}^3$は3つの方向（たて、よこ、高さ）を持っています。
　対して、$\mathbb{R}^0$は方向がないのです。

　さて、次元を上げます。4次元の話に入ります。
　0次元空間$\mathbb{R}^0$、1次元空間$\mathbb{R}^1$、2次元空間$\mathbb{R}^2$、3次元空間$\mathbb{R}^3$、とあったわけですから、4次元空間$\mathbb{R}^4$というのもあるのかなあと考えるのが自然でしょう。あるいは聞いたことがある、すでに知っているという読者の方も多いのではないでしょうか。
「実数4個の順番の決まった組(x, y, z, t)のすべての集まり」を考えます。
「実数4個の順番の決まった組(x, y, z, t)のすべての集まり」も、0次元空間$\mathbb{R}^0$、1次元空間$\mathbb{R}^1$、2次元空間$\mathbb{R}^2$、3次元空間$\mathbb{R}^3$のときのように、なんらかの図形と同じものと見なせるでしょうか？　実は、次のように見なせます。それを考えていきましょう。
　前の **2** でやった「実数4個の、順番の決まった組$(x, y, z,$

t)のすべての集まり」を表す図形を考えるわけです。

その前に、ちょっと$\mathbb{R}^3$を思い出してみましょう。

$\mathbb{R}^3$は、図3.4のように、$\mathbb{R}^2$が$\mathbb{R}$の方向に動いていってできます。$\mathbb{R}^3$をとります。座標をx, y, zとします。$z=0$のところは、座標がx, yの$\mathbb{R}^2$です。この$\mathbb{R}^2$をzの方向（$\mathbb{R}$の方向）に動かしていくと通った跡が$\mathbb{R}^3$です。通ったところ全部をあわせたものが$\mathbb{R}^3$ということです。中学か高校で習った軌跡の意味です。

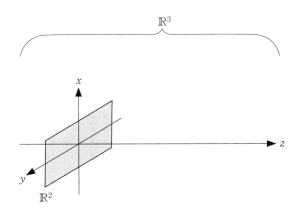

図3.4　$\mathbb{R}^3$は、$\mathbb{R}^2$が$\mathbb{R}$の方向に動いていってできる

いま、「実数4個の順番の決まった組(x, y, z, t)のすべての集まり」を考えていました。tを0とか、1とか、1つの実数に定めます。

x, y, zは実数すべてをとります。それは3次元空間$\mathbb{R}^3$とい

う図形と思うことができるということは、前の節で述べています。そして、tはすべての実数をとるのですから、$\mathbb{R}^3$をtの方向に動かす感じです。

tがすべての実数をとるので、tのすべての集まりは$\mathbb{R}$です。ですので、「実数4個の順番の決まった組(x, y, z, t)のすべての集まり」を表す図形は、$\mathbb{R}^3$を$\mathbb{R}$の方向に動かしていってできる跡となっている図形と思うことができます。ただし、動かしていく$\mathbb{R}$の方向は、$\mathbb{R}^3$の中にはない方向です。図3.4から連想してください。

$\mathbb{R}^3$のx軸、y軸、z軸の方向以外の第4の方向が、本当にこの世にあるかどうか、ということは気にせず、頭の中で考えることはできます。頭の中で、図3.5や図3.6のような図が浮かんでいることでしょう。

図3.5も、図3.6も、$\mathbb{R}^3$を$\mathbb{R}$の方向に動かしていっている感じを、気持ちを描いた図です。図3.5では、$\mathbb{R}^3$をx軸、y軸、z軸をつけて描いています。図3.6では、$\mathbb{R}^3$を概念的に平面で表しています。そうとう気持ち重視の絵ですが、気合いで想像力で理解してください。高次元を考えるには、この手のイマジネーションは必須なのです。

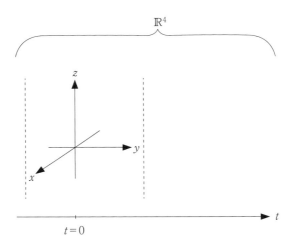

図3.5 実数4個の順番の決まった組(x, y, z, t)のすべての集まりを表す図形は、$\mathbb{R}^3$が$\mathbb{R}$の方向に動いていった跡としてできる

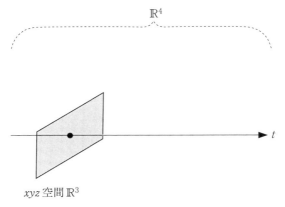

図3.6 実数4個の順番の決まった組(x, y, z, t)のすべての集まりを表す図形は、$\mathbb{R}^3$が$\mathbb{R}$の方向に動いていった跡としてできる

このような、「実数4個の順番の決まった組(x, y, z, t)のすべての集まりを表す図形」を **4次元空間** $\mathbb{R}^4$ と呼びます。この図形は、前の 2 でも出てきたものです。

図3.5と図3.6を理解するのに、tを時間と思って、$\mathbb{R}^3$で、時間が経過していく様子と思う、もしくは、$\mathbb{R}^3$の時間の経過を表していると思ってもよいです。しかし、tは、時間を表すのではなくて、単なる実数でした。それに、 2 の例でやったように、tが温度を表していることもあります。

tを時間だと思って、イメージが湧くなら、そう思って想像してもよいですが、tを時間と思わなくてもイメージが湧くなら、それでもよいです。$\mathbb{R}^4$がイメージできれば、どちらでもよいです。

本当に、この世にあるかどうかということは気にせず、みなさんなら、頭の中で考えることができているでしょう。そういう話を、もう少し続けます。

xy平面$\mathbb{R}^2$の中で、$y=x$といえば、直線を表すというのは小・中学校で習います。では、$xyzt$空間$\mathbb{R}^4$で、たとえば、$t=x^2+y^2-z^2$という式が表す図形といえばどんな形でしょう。こう聞かれたら、みなさんは頭の中で、図形をいろいろ考え出しているでしょう。ちなみに、この問題は大学1〜2年くらいで習います。細かいことは置いておいて、そうやって、実際、4次元空間$\mathbb{R}^4$を考えられるわけです。

また、紙面の図や絵を描いているところは2次元空間$\mathbb{R}^2$の一部と見なせますから、4次元の絵を描くには次元が小さすぎます。3次元を描くだけでも、次元が1個、足りないわけですから。図3.5と図3.6は、2次元に描いた、4次元の絵

ですので、直感力を働かせて体得してください。

さて、次は、「実数5個の順番の決まった組 (a, b, c, d, e) の
すべての集まり」を考えましょう。

これも、前の **2** でもやったものです。思い出してください。

4次元空間 $\mathbb{R}^4$ を考えたときと同様に、「実数5個の、順番
の決まった組 (a, b, c, d, e) のすべての集まり」は $\mathbb{R}^4$ を、$\mathbb{R}^4$ の
中にはない、新しい方向の $\mathbb{R}$ に沿って動かしていった跡と
してできる図形と見なせるというのは、ここまで読んだみなさ
んなら、わかると思います。この図形を **5次元空間** $\mathbb{R}^5$ と呼
びます。

気持ちを描いた概念図は、図3.7のようになります。$\mathbb{R}^4$ を
平面として描いています。

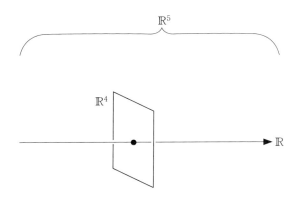

図3.7　$\mathbb{R}^5$ は、$\mathbb{R}^4$ が $\mathbb{R}$ の方向に動いていった跡としてできる

ここで、3個の座標a、b、cの他に、4番目、5番目の座標d、eと2つありますから、これらd、eを、時間だと思うわけにはいかないというのは、みなさんなら容易に理解できるでしょう。でも、みなさんの頭の中で$\mathbb{R}^5$を考えることは、できているでしょう。

また、5次元空間$\mathbb{R}^5$は、以下のように考えることもできます。

その前に、より低い次元の例を準備します。その例からより高い次元のことを類推します。高次元を理解するには、時として、このような類推が役に立ちます。本書でも以降、頻用します。

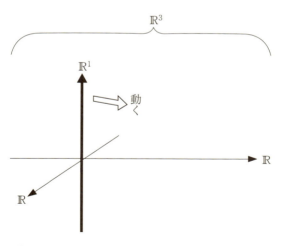

図3.8　$\mathbb{R}^3$は、$\mathbb{R}^1$が$\mathbb{R}^2$内のすべての方向に動いていった跡としてできる

$\mathbb{R}^3$は、図3.8のように、$\mathbb{R}^1$が$\mathbb{R}^2$内のすべての方向に動いていった跡としてできます。これはみなさんなら、すでに知っていたことでしょう。

　これから類推してください。4次元空間$\mathbb{R}^4$は、図3.9のように、2次元空間$\mathbb{R}^2$が、2次元空間$\mathbb{R}^2$内のすべての方向に、動いていった跡としてできます。

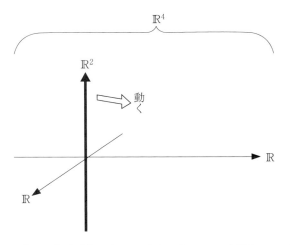

図3.9　$\mathbb{R}^4$は、$\mathbb{R}^2$が$\mathbb{R}^2$内のすべての方向に動いていった跡としてできる

　さらに類推してください。5次元空間$\mathbb{R}^5$は、図3.10のように、3次元空間$\mathbb{R}^3$が、2次元空間$\mathbb{R}^2$内のすべての方向に、動いていった跡としてできます。

Part 1 高次元空間とは

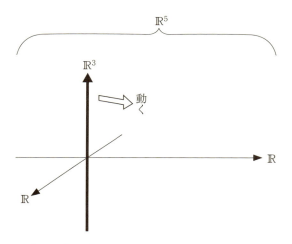

図3.10 $\mathbb{R}^5$は、$\mathbb{R}^3$が$\mathbb{R}^2$内のすべての方向に動いていった跡としてできる

これまた自然に、さらに、「実数n個の、順番の決まった組$(x_1, x_2, \cdots, x_{n-1}, x_n)$のすべての集まり」をある図形と見なすことができます（nは6以上の自然数ならなんでもよい）。この図形を**n次元空間** $\mathbb{R}^n$と呼びます。

mを0以上の整数とします。「m次元空間 $\mathbb{R}^m$の次元は、いくつか？」と聞かれたら、mと答えることにします。

$\mathbb{R}^1$や$\mathbb{R}^2$や$\mathbb{R}^3$の中の図形を我々が考えられるように、$\mathbb{R}^4$や$\mathbb{R}^5$,…,$\mathbb{R}^n$の中の図形を我々は考えることができます。
$\mathbb{R}^4$のところで、式を用いた説明を少ししました。 2 では、実は、$\mathbb{R}^4$や$\mathbb{R}^5$の中のグラフを考えていました。

51

本書の目的のひとつは、n次元空間$\mathbb{R}^n$の中の図形を観照することです。

　nは非負整数ならなんでもいいとします。「n次元空間$\mathbb{R}^n$の次元はn次元だ」といいました。そして、本書では、「n次元空間$\mathbb{R}^n$の中の図形を観照する、直感を働かせて理解する、見る」といいました。

　ところで、ここでいった$\mathbb{R}^n$の中の図形というのは、$\mathbb{R}^m$以外の複雑なものもあります。また、その図形にもたいていの場合は次元を考えられます。そのあたりの話を少ししましょう。

　２次元空間$\mathbb{R}^2$は、２次元の図形です。実は、２次元の図形には、２次元空間$\mathbb{R}^2$以外のものもあります。そのことを説明します。

　球面の図を見てください（図3.11）。

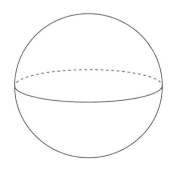

図 3.11

球面はとても大きくて、球面上の1点Pに、人が立っているとします（図3.12参照）。その人は、自分のまわりの足もとのあたりは$\mathbb{R}^2$だと感じます。まるで、大昔の人間が地球の表面を無限に広がる平面だと思っていたように。数学的にいえば$\mathbb{R}^2$だと感じていた、ということです。

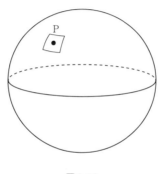

図3.12

図3.12のように、各点のまわりの狭いところだけを見たら$\mathbb{R}^2$に見える図形も、2次元の図形といいます。

しかるに、球面のことも2次元の図形といいます。

n次元空間$\mathbb{R}^n$は、n次元の図形であるということを説明しました。実は、n次元の図形には、n次元空間$\mathbb{R}^n$以外のものもあります。

かなり大雑把な説明ですが、球面の場合の類推をしてください。ある図形があって、その図形の各点のまわりの狭いところだけを見たら$\mathbb{R}^n$に見えるとします。その図形も、その

次元を聞かれたらn次元といいます。そして、そういう図形もn次元の図形といいます。

　ここで紹介した図形は、数学でいう多様体というものを大雑把に紹介したものです。 16 で、高次元のそのような図形の例を少し紹介します。

　n次元の図形というのは、上述の例のように、$\mathbb{R}^n$以外にも複雑な図形がたくさんあります。とはいえ、$\mathbb{R}^n$を用いて定義していることにはご留意を。 24 でも、そういう図形の例をもう少しお話しします。本書において、n次元の図形うんぬん、と大雑把な流れでいったときは、$\mathbb{R}^n$以外の図形のことも含めていっています。

　m, nは非負整数とします。この節で紹介したn次元の図形（専門書では多様体というもの）は、実は、mを十分大きくすれば、$\mathbb{R}^m$の中に置けることがわかっています。置けるというのは、数学用語の埋め込めるという用語を大雑把にいっています。という意味でも、$\mathbb{R}^\ell$（ℓは自然数）の中の図形が見えるようになることは、大事な基本のひとつなのです（ 24 で紹介するn次元の図形もmを十分大きくすれば、$\mathbb{R}^m$の中に置けることが知られています）。

　nが大きいとき、n次元の図形を高次元の図形と呼びます。nがいくつより大きければ高次元と呼ぶかは、人によります。4以上という人もいれば、4より大きいときという人もいます。そのあたりは、気にしなくてもよいことです。

4 高次元が見たいですよね

　高次元の図形を見たいと、本書の読者のみなさんなら思っていることでしょう。高次元を感じたいというのは、あなただけでなく、人間の本能のひとつだと思います。

　本書のタイトルは「高次元空間を見る方法」ですが、実際に、高次元を未経験のみなさんに、高次元の図形を見る、作る、ことを体験させて差し上げましょう。

　実際、高次元空間の図形を見ること、作ること、に一生を捧げる人は今までも多くいましたし、今もいますし、これからもいるでしょう。みなさんの中にもそういう予感を感じている人もいるでしょう。おそらくみなさんの中からそういう人が現れるでしょう。

　子供の頃に初めて殴り合いの喧嘩(けんか)に勝ったときに、世界が今までより輝いていませんでしたか。初めて恋人ができたときに、世界の光が今までと違った色をしていませんでしたか。高次元が初めて見えたときは、それ以上の感動があります。

　この本を手に取った方なら、本格的に高次元を学問として研究するとはどういうことか、もう少し知りたいと思います。本書ではその一端を紹介します。

本書を手にとった読者の方々には、SF映画やSF小説、SFアニメ、SFマンガが好きな人もいるでしょう。本書で高次元空間の基本を知ると、今までとは少し違った、SFの楽しみ方を知ることができるでしょう。

　高次元を考えることは、それ自体、この世で最も感動的なもののひとつです。それだけではなく、高次元空間というものは、我々の住んでいる空間の中だけを調べていても必要になるのです。たとえば、$\mathbb{R}^3$の中に結び目を作ります。その結び目にはどういう種類があるのか？　という極めて自然な問題を考えると、それを調べるには、なんと高次元の複雑な図形が必要になってくるのです。そこでは、n次元空間$\mathbb{R}^n$や、 2 で考えていた$\mathbb{R}^n$の中のグラフなどよりもずっと複雑な高次元の図形に遭遇することになるのです。 25 で、もう少し詳しく、説明します。

　高次元空間というのは、実は昔から科学のどの分野でも基礎のひとつだったのです。
　理科系の大学に行っている人、行っていた人ならご存じの通り、大学1年の数学や物理で高次元空間を習います。そして、世界中の研究所や大学で研究されています。
　これから大学を目指す読者のみなさんで、将来、高次元を勉強したい、研究したいと思っている方、この本ではそれらの予行演習を少しできます。後の節を楽しみにしていてください。

　みなさんなら、どうして高次元空間が昔から科学のどの分

野でも基礎なのか知っていても不思議ではないです。もしも知らなければ知りたいと思っていることでしょう。興味をお持ちでしょう。本書はそのあたりも説明します。
　さらには、経済学やそれを含む社会学でも高次元空間というのは、昔から基礎のひとつなのです。高次元空間についての考察は、すでに社会の基礎のひとつといえるのです。

　高次元のことを考えると、頭の訓練になります。高次元をあまり使わない学問分野の頭もよくなります。日常生活での頭の回転も向上します。
　あるいは美を追求する人も、ぜひ読んでください。4次元や高次元の中の図形を初めて見たら、その美に打ち震えますよ。美を観賞するという面でも、高次元を体験する意味はあります。

　高次元は、紙と鉛筆さえあれば、もっといえば、紙と鉛筆もあまり使わずに、想像力だけで創造できるものです。世の中には本当にそうやってできることがあるのですよ。ぜひ体験してみてください。
　どうか読者のみなさんは、直感力に磨きをかけて高次元空間に思いを馳せてください。

Part 2

高次元の出てくる例

**日常レベルのことを調べることから
経済や自然観測まで
かなり多くのところで
高次元空間は基本事項である**

2で、羊羹の各点に温度を対応させると4次元空間$\mathbb{R}^4$にグラフを描くことになる、羊羹の各点に温度と糖度の2つを対応させると5次元空間$\mathbb{R}^5$にグラフを描くことになる、結果、おのずと高次元空間を考えているという話をしました。

　ここでは、おのずから高次元の図形が出てくる、他の例を紹介しましょう。もう少し、高度な例を紹介します。

　羊羹の各点に温度と糖度を対応させると5次元空間$\mathbb{R}^5$にグラフを描くことになるというのは、こういうことでした。羊羹の各点はたて、よこ、高さの3個の実数で表されます。3個の実数を入力したら、温度、糖度という2個の実数が出力されるということです。

　高校卒業までに、1次関数、2次関数、三角関数などを習いました。関数というのは、なにか数字を1個放り込んだら、別の数字を1個出すものでした。それを函になにか数字を放り込んだらその函が別のものを出してくるというイメージで、古くは函数（かんすう）とも書いていました。

　それで、a, bを自然数として、実数a個を入力して、実数b個を出力するという関係も考えられます。この場合は、実数a個に実数b個を対応させる写像と呼びます。すごく大雑把にいえば、$a+b$が大きい写像を考える場合は、自然と$\mathbb{R}^{a+b}$などの高次元の図形を考えることになるわけです。

　本書では、関数という語と写像という語の違いは意識しなくても問題は生じません。そこには引っ掛からずに先に進んでください。

　前述の羊羹の温度と糖度の例は、実数3個に実数2個を対応させる写像です。

5 地球上でいつでも無風状態地点が1個はあるという話を聞いた人もいることでしょう

高次元の出てくる例を紹介していきます。

地球の表面上の各点で、そこで吹いている風(かぜ)を考えます。すごく大雑把にいうと、地球の表面上には、無風状態の点が、いつでも必ずどこかに1点はあるのです。この話の説明に高次元が出てきます。

風の速度はベクトルで表せます。ベクトルは大きさと向きのある量で、中学・高校で習います。ベクトルは分解したり、合成したりできることも知っているでしょう。

風の速度ベクトルを、図5.1のように、大地に垂直な成分と大地成分に分解します。ここで、速度ベクトルの大地成分だけを考えます。速度ベクトルの大地成分を「風の速度ベクトルを大地に正射影したもの」というのも周知のことでしょう。

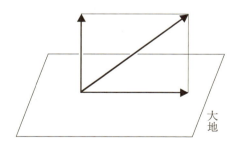

図5.1

もしくは、風の速度は地球の表面上のすべての点で大地成分だけだったと仮定します。つまり、地球の表面上のすべての点で大地に垂直な成分はゼロベクトルだったと仮定します。

　すると、このとき、地球の表面上のどこか少なくとも１点では、速度ベクトルの大地成分がゼロベクトルになっていることがわかっています。

　この証明のアイデアはこうです。地球の表面は球面と思うことができます。そして、「球面 S^2 の接ベクトル束の全空間」という４次元の図形を考えます。その中で、底空間というところに存在する球面をとり、その球面をうまく少し動かして、動かす前と後の２個の球面の交わり方を考えることで行います。この交わりは障害類というもので特徴付けられています。

　この節のタイトルと最初に書いた言い方は、大地に垂直な方向の成分を無視した言いまわしですのでご注意ください。

　このように、この世界の風速といった身近なことを考える際にも、４次元や高次元は導入されるのです。４次元が出るという部分については、もう少し説明しましょう。

　地球の表面上のある点のまわりだけを考えます。その形は $\mathbb{R}^2$ と見なせます。その各点の風の速度ベクトルを考えます。ここでも大地に垂直な成分はゼロベクトルの場合を考えます。大地 $\mathbb{R}^2$ の各点に、そこでの風速を対応させるグラフを考えてみましょう。今、風速は２次元ベクトルなので、２成分です。$\mathbb{R}^2$ の各点を特定するのは２つの座標です。なの

で、実数2個に実数2個を対応させる写像になっています。グラフを描こうとすると、4次元空間$\mathbb{R}^4$の中に描かれることになります。

天気予報図のように平面上に矢印を描けばいいじゃないかと思うかもしれませんが、上述の証明をするには、4次元に描くほうがよいのです。上の証明の4次元の図形とその中の球面は、この4次元のグラフをさらに少々高度にして出てくるものなのです。

直前の2つの段落で、した話に関して、もう少し話します。今は各時間で止めた場合でしかも大地上の点だけを考えたので、時間も観測地点の高さも考えませんでした。しかし実際には、各点の風を特定するためには時間も必要です。さらに、場合によっては、観測地点の高さや風のベクトルの高さ成分も考える必要があります。すると、観測地点のたて、よこ、高さ、時間の4個の実数に、風のベクトルを表す3個の実数を対応させることになります。写像として見ると、実数4個に実数3個を対応させる写像になっています。グラフを描こうとしたら7次元空間$\mathbb{R}^7$の中に描かれることになります。

このように、風速といった身近なものを考えても、高次元は自然に出てくるものなのです。

6 複素関数

高次元の出てくる例の紹介を続けます。

複素関数というのを大学で習います。理科系の大学に行っている人、行かれていた人ならご存じでしょう。

　小学校や中学校、高校で習う関数、2次関数、3次関数、指数関数、三角関数などは、実数1個に実数1個を対応させる写像でした。実数は直線$\mathbb{R}^1$上の点と見なせますので、実数1個に実数1個を対応させる関数のグラフは$\mathbb{R}^2$に描かれます。

　たとえば$y = x^2$のグラフは図6.1のようになるのでした。

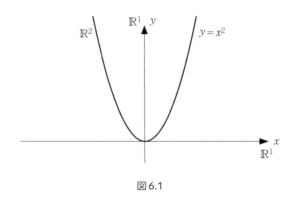

図6.1

　一方、複素関数は、「複素数に複素数を対応させる関数」です。複素数$x+iy$は、2つの実数x、yから作れます。ここでiは虚数単位です。なので複素数は複素平面という平面$\mathbb{R}^2$上の点と見なせます。ということは、複素関数は、実数2個に実数2個を対応させる写像になっています。今までに説明したのと同じ理屈で、グラフを描こうとしたら4次元空間$\mathbb{R}^4$の中に描かれることになります。

（複素）代数幾何という分野を聞いたことがあるかもしれません。この話は、代数幾何の入り口の話ともいえます。

7　経済

高次元の出てくる例の紹介を続けます。

我々の住んでいる世界の経済を考えます。社会の成り立ちに必要なことです。

経済学を考えるのに数学が必要です。経済学に出てくる数式を1つお見せしましょう。

$$\int_0^t \phi_u dw_u := \left(\sum_{j=1}^d \int_0^t \phi_u^{1,j} dw_u^j, \cdots, \sum_{j=1}^d \int_0^t \phi_u^{n,j} dw_u^j \right)^\top$$

経済学の専門書や論文には、こういう数式がたくさん出てきます。その多くは $a+b \geqq 5$ であるような、「a 個の実数から b 個の実数への写像」です（a, b は自然数）。そのグラフを描こうとしたら、$a+b$ 次元空間 $\mathbb{R}^{a+b}$ の中に描かれることになります。つまり、我々の社会の経済を考えるにしても高次元空間を考える必要があるということです。

8　物理

さらに、高次元の出てくる例の紹介を続けます。

高校で習う物理のニュートン力学やマクスウェル電磁気学を少しばかり思い出しましょう。

5 で考えたような、風速の話も、まあ、高校物理の範囲です。 5 で話したように、これも高次元空間を、なかば当然のごとく考える話でした。

他にも電場とか磁場というものを考えてみましょう。

空間の各点に電場や磁場を考えます。空間の各点を指定するのに3個の座標が要ります。時間まで考えれば4個の実数で電場や磁場が決まります。電場や磁場は3次元ベクトルですので、3個の実数で決まるものです。つまり4個の実数から3個の実数、もしくは6個の実数を決めることを考えているわけです。この話も自然と高次元空間を考える話だということになります。

理科系の大学の1年くらいで、解析力学という授業でラグランジュ方程式というのを習います。ラグランジュ方程式はいろいろありますが、ニュートン方程式の書き換えのものを、まずは習います。

そこでは、たとえば $\mathbb{R}^3$ の中の2点の運動を考えるときはそれを2点の座標を並べて6個の座標と見て、つまり $\mathbb{R}^6$ の中の1点と見て方程式を立てます。そうやって高次元が自然に出てきます。

さて、相対論や量子論、超弦理論というのを聞いたことがある読者の方も多いでしょう。そして、それらの分野では、4次元や高次元の不思議な話が出てくるとか、時間や空間が実は日常感覚とは違う不思議な性質を持っているというような話が出てくる、と聞いたことがあるかもしれません。

ひとつ確認しておくと、相対論やら量子論やら超弦理論やらの作られる前から、高次元空間を想像することはされてい

たということです。

とはいっても、相対論やら量子論やら超弦理論やらで、4次元とか高次元とかという話はどうなってるの、と思うでしょう。今から少しします（超弦理論は相対論や量子論を包含しています）。

9 高次元が自然な発想なのはわかった。高次元が「見える」のもわかった。しかし、では、高次元に「行ける」のか？

自然科学や社会科学のいろいろな場面で、なかば当然のごとく実数a個に実数b個を対応させる写像を考えることになる、その写像のグラフを描いて調べようとすれば高次元空間を議論することになる、というのは納得できたでしょう。そうやって、高次元を考えることができる、見ることができるというのも会得できたでしょう。もしくは、本書の読者のみなさんは初心者とはいっても、前から薄々、気づいていたかもしれません。

しかし、それらを領解しても、でもなんだか腑に落ちないのは、次のような素朴な疑問があるからではないでしょうか。「タイムマシンで未来に行ったり過去に行ったり、時間旅行はできるか？」「テレポーテーションできるのか？ 一瞬で遠くに行けるのか？」という疑問です。

これらの疑問と関係していますが、実際に行ける、という意味で「高次元空間というのはあるのか？」「高次元空間があって、なおかつ、そこに行けるか？」という問いです。

こうも問えます。たて、よこ、高さの3方向は体感できます。まあ、体感できているといってよいでしょう。だから3

次元の空間は体感できているといえます。では、高次元の空間に行って高次元を体感できるのでしょうか？

　過去と未来を往復できるタイムマシンや、テレポーテーションは、現在（2019年9月）、実現されてはいないようです。
　しかし、タイムマシンやテレポーテーションが実現できないと完全に証明されたわけではありません。もしも証明できるならできるで、それは数学や物理の新大理論の誕生を意味するでしょう。その場合でも、高次元空間の研究はエキサイティングなものだということです。
　ただし、相対論や量子論、超弦理論などでは、時間や空間がどうやら日常感覚とは違った不思議な性質を持っていると説明されます。ここで、「不思議」というのは日常感覚とは違うことが起こるらしいという意味です。その話をしましょう。前ページで提出した問いの最後のもの、「高次元空間があって、なおかつ、そこに行けるか？」にも、一応の回答をします。

Part 3

宇宙について

我々の存在している宇宙について少しばかり

相対論や量子論、超弦理論などでは、時間や空間が、日常感覚とは違った不思議な性質を持っていると説明されるという話をします。

10 我々の住んでいる世界で時間がズレる：相対論

我々の住んでいる世界で、ものの位置を特定しようとしたら、日常感覚では、たて、よこ、高さの3個と時間1個の実数が必要です。日常、暮らしている分には、それでお互い話は通じます。"この4個の実数の集まりの空間"は、"我々の日常住んでいる世界"をかなりよく表しているモデルと見なせるわけです。4個の実数の集まりの空間ですから、4次元空間 $\mathbb{R}^4$ と見なせます、とりあえず。

モデルと見なせるというのは、なんらかの実験をするときに、その実験の結果を予測する際に、自然界を4次元空間 $\mathbb{R}^4$ と思って計算して予測したら、よい精度で合うという意味です。

今後も、物理的な文脈で、「こういうモデルと思える、そう見なせる」といったらそういう意味でいっています。

然るに、我々の日常住んでいる世界を4次元空間 $\mathbb{R}^4$ と思うことができます。ただ、「我々の住んでいる世界が4次元だ」と聞いても、なにか興奮が足りないと思っているかもしれません。そう、そう聞いたらまずは、「タイムマシンができるのか!?」「テレポーテーションできるのか!?」「SFで出てくる、あれやこれやができるのか!?」というのを知りたくなるからでしょう。その話をしましょう。

Part 3 宇宙について

　まずアインシュタインの相対論のあたりで、この我々の住んでいる自然界には次の性質があるということがわかりました（我々の住んでいる自然界と、我々の住んでいる世界という句は同じ意味で使っています）。

　ふたりの人A、Bがいるとしましょう。ふたりの年齢が最初は同じで同じ場所にいたとします。AがBから離れた場所に行って、また帰ってきてBに会うと、AとBの年齢が違うということが起こることがある。ただし、A、Bの年齢が目に見えて違うほどのことが起こるとしたら、すごく高速の長距離宇宙船が要るので、今のところ、我々の地球では、A、Bの年齢が目に見えて違うほどのことは起こっていません。

　また、上の例と非常に関係の深い例ですが、ごく大雑把にいうと受けている重力の大きさによって、時間の流れ方が違うということも起こりうると信じられています。重力がより大きいところにいる人の方が、より小さいところにいる人よりも時間の流れが遅いと信じられています。これも実際に目で見て違いがわかるほどのことは、我々の日常では起こりません。しかし、原子時計などのとても厳密な時計を2つ使って上記に相当する実験をすれば、たしかにこのようなことが起こったと信じるに足るだけの実験結果が得られています。

　時間と空間からなる4次元空間$\mathbb{R}^4$にこのような性質があることは、相対論で説明されます。

　また、上の話の極端な例として、次のようなことが起こりうると思われています。地球から離れて宇宙船で高速で長期間宇宙旅行をして地球に帰ってきたら、宇宙船の中では10

年ほどしか経っていなくても、地球では何万年も経っている。この話はSFでよく出てくるのでご存じの方も多いでしょう。大雑把に言ってしまえば、遠い未来に行く方法は一応理論的にわかっているといえなくもないわけです。しかし、未来に行ってしまったとして、そこから時間を遡って元いた時代に戻れるかどうかは、わかってません。元いた時代に、「未来に着いた」と通信する方法があるかどうかもわかっていません。

先ほども申しました通り、未来と過去とを行き来できるタイムマシンや、テレポーテーションが実現できるかどうかは、今（2019年9月）のところわかっていません。しかし、上記のような時間のズレは実際に起こるし、そのことは、高次元空間を使う数学で説明されます。

そして、次の節で少し触れる場の量子論など、実際に今日、自然界の現象を説明している理論は、こういう「時間のズレ」が起こると主張する相対論を使って構築されるのです。

未来と過去とを行き来できるタイムマシンや、テレポーテーションが可能かどうかわかっていないということは、不可能だということが証明されたというわけでもありません。仮に不可能だとしても、それが不可能だという説明をきちんと作りあげるのは、物理なり、数学なりの大事業でしょう。ということで、SFのような話も意外に数学、物理のまともな問題意識といえるのです。

Part 3　宇宙について

時間について

　読者のみなさんの中には、すでに気づいておられる方もいらっしゃると思いますが、数学や物理の教科書、専門書、論文において、時間は無定義語として扱われています。「時間とはなにか？」と念じている人には肩透かしかもしれませんが、「時間とはなにか？」というような問いは虚しいだけのものです。

　数学や物理は、時間とはなにか、には答えませんが、しかし、ある人Aが別の人Bに、「時間を測れ」といえば、その人Bは時間を測定できます。そうやって、時間という言葉を他人との会話に用いて意思疎通ができて、実験して数値を出せて、実験結果を共有できます。それが肝要です。

　そもそも、「時間とはなにか？」という問いに、どのような答えが期待できますか？「愛とはなにか？」「悪とはなにか？」「我々の世界は本当に存在しているのか？」などという「問い」は、そう「問われた」人たちが、それぞれ、その言葉や文言から連想することを言って返すだけ、というような「問い」です。「時間とはなにか？」というのも、そのようなことしか言って返せない類いの「問い」です。

　時間とはなにか、というような文言は、そもそも問いにすらなっていないともいえます。しかし、双子の片方が地球にとどまり、もう一方が宇宙船で、これこれこういう速度で10年旅して帰ってきたとすると、再会したときその双子の歳は同じままか、違うか？　というような問いは、はっきりYESかNOかで答えられますね。数学や物理はそういうYESかNOかで、はっきり答えられる問いを考えるのです。

　なので、「時間とはなにか？」というのは考える意義のない問いです。「タイムマシンがほんとうにできるのか？」というの

は考える意義のある問いです。

　数学や物理は、時間とはなにか、点とはなにか、という問いには答えないというのは、消極的な態度ではありません。むしろ積極的な態度です。この実験をしたら（どのくらいの確率で）実験値がどうなるか、というような予言や、こういう性質を持つ図形はあるのかないのか、というような明確な決定をするのです。こちらの方が、ずっと積極的で有意義です。

11　我々の住む宇宙の形

　地球上にいて自分のまわりだけ見ていたら、大地は2次元空間$\mathbb{R}^2$のような気がします。しかし、じつは球面の一部です。

　では、我々の宇宙の形はどうなっているのでしょう。我々のまわりだけを見ていたら3次元空間$\mathbb{R}^3$のようですが、ほんとうに、宇宙全体は$\mathbb{R}^3$でしょうか？　もしかしたら、3次元だけど別の図形かもしれません。

　となると、図3.12のあたりでふれたような、$\mathbb{R}^3$以外の3次元の図形を考える必要が生じます。

　おそらく、アインシュタインの一般相対性理論の登場したころから、そのようなことが議論されるようになりました。

# 標準理論

　今のところ一応、自然界を説明できる理論であって、実験で実証でき、先端のものは「標準理論」といわれています。

　標準理論 (standard model) は、固有名詞です。これは、場の量子論 (quantum field theory、QFT) というものの一種です。また（量子化された）ゲージ場の理論というものの一種です。このあたり、専門用語が何個かあり、意味が重なっていたりしますので、それもまた、本書を読んだ後に専門書で場の理論、場の量子論、標準理論、（物理の）ゲージ理論、素粒子論というような言葉を調べてみてください。クォークとか、聞いたことがあると思いますが、それが登場する理論です。

　標準理論では一応この世界を、時間が1次元空間$\mathbb{R}$で空間が3次元空間$\mathbb{R}^3$の4次元空間$\mathbb{R}^4$、というモデルで説明しています。

　しかし、標準理論だと、自然界の粒子を表す、あるいはその性質を調べるのに、高次元ベクトル空間のベクトルを使います。

　高次元ベクトル空間というのは、図形としては高次元空間$\mathbb{R}^n$（nは大きい自然数）のことです。

　標準理論では、我々の住んでいる空間そのものを表すモデルは、時間を入れなければ3次元空間なのですが、我々の世界を説明するためには高次元空間、およびそこで展開される数学が要るというわけなのです。

12 我々の世界が実は高次元だ：超弦理論

先ほど、 10 で時間のズレが起こるといいましたが、日常生活ではあまり気づきません。これは、日常生活で使うエネルギーのレベルでは時間のズレが小さすぎて気づかないのです。

他にも、日常で使うエネルギーのレベルが小さすぎて気づかないと思われている、「自然界の性質」もあります。

超弦理論および、それの発展したM理論という理論では、我々の住んでいる自然界は、実は4次元空間ではなくて10次元空間か11次元空間なのではないかと考えられています。

これは、まだ実験で実証されてはいません。

とはいえ、現在、「重力場を量子化した場として記述する首尾一貫した理論を作る」など、物理学の見地から、これはできないと困ると思われていることがいくつかあります。それらを説明する方法をなんとか捻り出すと、その有力候補は、この世界を10次元空間か11次元空間のモデルで説明する超弦理論やその発展したM理論なのです。

つまり、「我々は（時間1＋空間3の）4次元にいるつもりだったが、実はいなかった」「実は我々は、高次元空間の中にもともといたんだ」と主張しているのです。しかし、10－4＝6次元（もしくは11－4＝7次元）分は、我々の日常

使うエネルギーのレベルは小さいので気づかないと説明されています。高エネルギーの実験ができれば、なんらかの実験結果から演繹して、この世界が確かに高次元だったと実証できるかもしれません。しかし、人間が日常的な感覚で、自分は高次元にいると感じられるかというと、高エネルギーになったら熱すぎて残念ながら現代の人間では生きていられませんので、現代の人間では気づこうにも気づけません、たぶん。さて、ごくごくSF的な法螺話を申しますと、そりゃあ人間が、遥か遠未来に、現代では予想もつかないような、すごい進化をしたら、気づくことが可能です。

　はたして、大雑把にいうと、我々の住んでいる自然界が、実は高次元空間かもしれないのです。となると、高次元空間について考察するのは必須です。

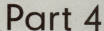

Part 4

結び目がほどける？

**高次元空間を見るとは
どのような精神状態か
体験させてさしあげましょう**

今まで見てきたように、高次元空間というものは、実はかなりおのずと考えつくものです。そして、いろいろな学問分野での基本事項です。さらに、実際の我々の社会や自然界を調査したり観察したり、そこで具体的に何かを実行するときに必要なものなのです。そして、我々の存在するこの宇宙は、実はどうやら高次元の図形なわけです。なので、高次元の図形を考えるということは人類にとって必須事項です。
　ということで、さあ、高次元の図形を実際に見てみましょう。要するに、高次元空間についての具体的な議論をしていきます。
　みなさんなら、高次元空間を実際に見ることができます。高次元空間を見ているときの精神状態がどのようなものなのかを、体験させてさしあげましょう。
　$\mathbb{R}^1$や$\mathbb{R}^2$, $\mathbb{R}^3$の中の図形を我々が考えられるように、$\mathbb{R}^4$, $\mathbb{R}^5$, …, $\mathbb{R}^n$, …の中の図形を我々は考えることができます。
　その例を、これからお見せします。

　まずお見せするのは、ごくSF調にいいますと、「3次元の中で結ばれている結び目が、4次元を使えばほどける」ことです。結び目とか、ほどけるとかという言葉は、だいたい日常生活で使っている意味から連想するものと思っておいて大丈夫ですが、これからもう少し詳しく説明します。

Part 4 結び目がほどける?

13 3次元空間 $\mathbb{R}^3$ の中の円周

 高次元空間の中の図形を実際に見るとはどんな気持ちなのか、具体的に体験させてさしあげましょう。

 そのために、まず3次元空間 $\mathbb{R}^3$ の中の図形から始めます。

 図13.1のように、人がひもを結んで持っていたとします。

図13.1

 ひもを持っている手を絶対離さず、掴んでいる位置から手を動かさないとしたら、ひもはほどけるでしょうか?

ここで、「ほどける」というのは、図13.1の状態から図13.2の状態に、「ひもと手と体のどれかが、ひもと手と体のどれかに交叉する」ことがないように持っていけるという意味です。

図13.2

　どう見ても、図13.1のひもはほどけないと思うことでしょう。これは実際に、ほどけないことが知られています。
　これから、次のことを説明します。いくつか準備をしないと詳しく述べられないので、ここでは、すごく大雑把にあえてSFっぽくいいましょう。図13.1のひもはほどけないといいました。しかし、この人が、4次元を使ったら、このひもが、なんと、ほどけてしまいます。
　ほどけないといったのは、3次元空間$\mathbb{R}^3$ではほどけないということです。我々の住んでいる空間が3次元空間$\mathbb{R}^3$と一応見なされるので、我々の日常で目の前の現象としてはほどけません。
　4次元を使ってほどくというのは、日常生活で、目の前で

行うのは無理です。しかし、数学的には正しい議論です。今まで述べてきたとおり、高次元空間というのは、数学的にきちんと議論できるものです。

すなわち、SF小説やSF映画で起こるような現象が、実際に数学的な議論に現れるということです。

結び目は、ものを括ったり固定したりするのに必要なので古くから使われています。家を作ったり、船を停めたり、車を走らせるときに荷物を固定したりとか、いろいろな用途がありましたし、今もあります。ひもの結び方に、どのような種類があるかというのは、そういう日常生活に必要でもあり昔から自然と調べられてきました。

そういう3次元空間$\mathbb{R}^3$の中の身近な図形が、高次元の理論の呼び水となるのです。

xyz空間$\mathbb{R}^3$を図13.3のようにとります。

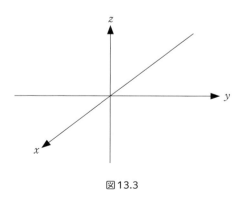

図13.3

図13.3のような3次元空間$\mathbb{R}^3$の中に、図13.4のように円周が3通りの方法で入っていたとします。

　このように円周を、3次元空間$\mathbb{R}^3$に円周が自己接触することなく、円周の各点が滑らかになるように入れたものを**結び目**といいます（ある点で滑らかに、というのは、その点で折れてない、というくらいの意味です）。図13.4は結び目の3つの例です。

　結び目というのは数学用語で、厳密な定義は結び目理論の専門書に載っていますが、本書では、この説明で連想するものを思い浮かべておけば大丈夫です。

　本書では、円周に限らずある図形があったときに、図13.5のように、その図形のどこか一部が、その図形の他の一部にさわっている状態にあることを、その図形が自己接触した状態にあるということにします。

　図13.4を見てください。3次元空間$\mathbb{R}^3$の中で、（あ）の位置にある円周を自己接触なく滑らかに動かして、（い）の位置に持っていくことができるでしょうか？　あるいは、同じ意味ですが、3次元空間$\mathbb{R}^3$の中で、（い）の位置にある円周を、自己接触なく滑らかに動かして、（あ）の位置に持っていくことができるでしょうか？

　図13.6のようにすればできるのはわかりますね。ここではx軸、y軸、z軸は省略しても図の意味はわかるので、省略します。

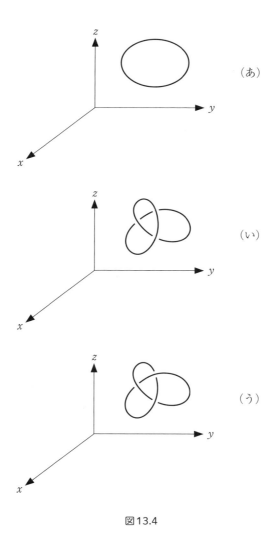

図13.4

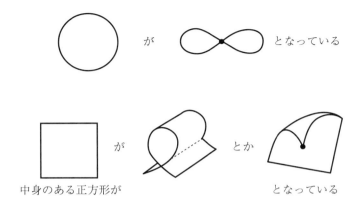

図13.5

　では、3次元空間 $\mathbb{R}^3$ の中で、図13.4の（あ）の位置にある円周を、自己接触なく滑らかに動かして、（う）の位置に持っていくことができるでしょうか？

　これは、見るからに無理そうな感じがすると思います。実際、これは無理です。図13.1のところでも、その事実は紹介しました。
　（あ）と（い）が自己接触のない滑らかな変形で移り合うというのは、図13.6のように実際にその過程を描けばよいのです。（あ）を（う）に、そのように動かしていけないというのはどうやって証明するのでしょうか。
　結び目の結び方の複雑さを表す数であって、次の「　」の

Part 4 結び目がほどける？

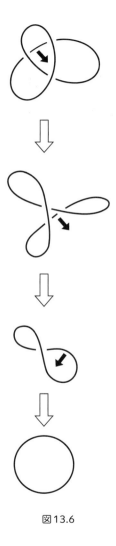

図13.6

ような性質を持つものがいろいろと発見されたり、発明されています。

「それらの数が異なれば結び目が違う。結び目の図から具体的に計算可能」

無限個の結び目があることが知られています。厳密な証明は入門書のレベルを超えますが、 25 で、ほんの少し紹介します。

ここで、記号を導入しておきましょう。

円周を S^1 と書くことにします。円周 S^1 と書くこともあります。

球面を S^2 と書くことにします。球面 S^2 と書くこともあります。

球面は英語で sphere といいます。図3.12でいったように、球面は部分的に見れば2次元空間 $\mathbb{R}^2$ のように見えます。sphereのsと、2次元空間 $\mathbb{R}^2$ の2をとって、S^2 と名付けたわけです。

図13.7のように、円周は部分的に見れば、$\mathbb{R}^1$ のように見えます。S^1 の1は、この $\mathbb{R}^1$ の1が由来です。

図13.7 左は円周。右の2つは開区間を曲げたもの。円周の一部でもある

Part 4 結び目がほどける?

　円周というのは、「$\mathbb{R}^2$の中に1点をとり、その点からの距離が一定の点すべての集まり」です。また、球面というのは、「$\mathbb{R}^3$の中に1点を取り、その点からの距離が一定の点すべての集まり」です。この円周の定義と球面の定義は$\mathbb{R}^2$の2を$\mathbb{R}^3$の3に替えただけです。

　ですので、球面は円周の次元を1つ上げたもの、あるいは、円周は球面の次元を1つ下げたもの、と思うことができます。

　だから、球面S^2の2を1にして円周S^1と書くのです。気持ちをいうと、円周S^1は、1次元球面だという気持ちです。

　さて、線分のことをIと書くことにします。線分Iと書くこともあります。x空間$\mathbb{R}^1$で、$-1 \leqq x \leqq 1$となる点の集まりは、線分ということはみなさんご存じでしょう。また、$-1 \leqq x \leqq 1$となる点の集まりは、閉区間ともいうこともみなさんご存じでしょう。閉区間の区間は英語で interval といいますので、interrval のiをとって、線分をIといいます。

図13.8

閉区間という言葉について。閉区間とは、次のものです。なんでもよいので、異なる2つの実数 a, b を持ってきます。$a<b$ としましょう。$a \leqq x \leqq b$ となる x すべての集まりです。

　$0 \leqq x \leqq 1$ となる x すべての集まりも閉区間といいます。両端は別に -1 と 1 でなくても、閉区間といいます（図13.8参照）。

　なんでもいいので正の実数を1つとります。その実数を a とします。半径 a の円板とは、2次元空間 $\mathbb{R}^2$ 内に1点をとり、その点からの距離が a 以下の点すべての集まりのことでした（図13.9参照）。この最初にとった基準の点を円板の中心といいます。

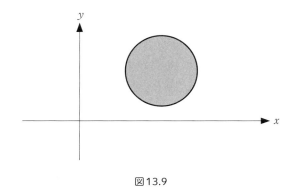

図13.9

　円板のことを、D^2 と書きます。円板は英語で Disc または Disk です。また、半径 a の円板で、中心からの距離が a 未満の点のまわりを部分的に見たら、2次元空間 $\mathbb{R}^2$ に見えま

す。DiscまたはDiskのDと、この$\mathbb{R}^2$の2をとって、D^2と書きます。

なんでもいいので正の実数を1つとります。その実数をaとします。半径aの球体とは、3次元空間$\mathbb{R}^3$内に1点をとり、その点からの距離がa以下の点すべての集まりのことでした（図13.10参照）。この最初にとった基準の点を球体の中心といいます。

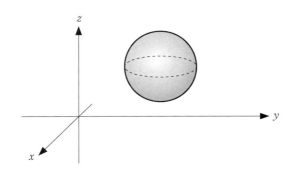

図13.10　球体：中身は詰まっている

球体のことを、B^3と書きます。球体は英語でBallといいます。また、半径aの球体で、中心からの距離がa未満の点のまわりを部分的に見たら、3次元空間$\mathbb{R}^3$に見えます。BallのBと、この$\mathbb{R}^3$の3をとって、B^3と書きます。

円周S^1を$\mathbb{R}^3$に自己接触なく入れたものを**結び目**というといいましたが、これを**1次元結び目**ともいいます。

1次元結び目という名前に1次元と入っている理由は、さきほども述べましたように、円周は部分的に見れば1次元空間 $\mathbb{R}^1$ だからです。

　図13.11のように、自己接触のない円板を貼るものを**結ばれていない結び目**（unknot：アンノット、unknotted knot：アンノッティド・ノット）、あるいは**自明な結び目**（trivial knot：トリヴィアル・ノット）といいます（貼るは数学用語ですが、今は貼るという語から連想するものと思って先に進んで大丈夫です）。そうでないものを、**非自明な結び目**（nontrivial knot：ノントリヴィアル・ノット）といいます。ある円周が非自明な結び目であるとき、その円周は結ばれているといいます。また、非自明な結び目のことを（ほんとうに）結ばれている結び目ということもあります（結ばれている結び目というのは、少し変な言いまわしに感じるかもしれませんが、言葉の綾で致し方ありません）。

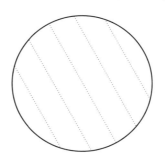

図13.11　自明な結び目（結ばれていない結び目）が円板を貼っている

「ほどく」というのは、非自明な結び目を円周が自己接触しないように、滑らかに動かしていって、自明な結び目に持っ

ていけるという意味です。なので、$\mathbb{R}^3$内で、非自明な結び目がほどけないというのは、単に言葉の綾でもあります。しかし、何度か予告したように、4次元を使えば、非自明な結び目を自明な結び目に、自己接触なく、滑らかに動かして、持っていけるのです。そのことを、「4次元を使えば、非自明な結び目をほどける」といっています。これをお見せするのが本節の目標です。順序立てて、じっくりやっていきましょう。

図13.12のような結び目は、三葉結び目（さんようむすびめ、みつばむすびめ、どちらでもよいです。trefoil knot：トレフォイル・ノット）といいます。図13.4（う）にも登場した結び目です。

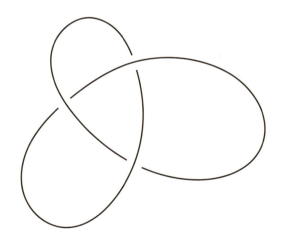

図13.12　三葉結び目（さんようむすびめ、みつばむすびめ　trefoil knot：トレフォイル・ノット）

ここでひとこと。図13.13の、2つの結び目のどちらも三葉結び目といいます。しかし、この2つのどちらかからもう一方へ、自己接触なく、滑らかに変形して持っていくことができないことも知られています。区別したいときは、

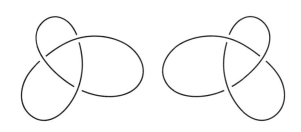

図13.13　どちらも三葉結び目という。しかし、この2つのどちらかからもう一方へ、滑らかに変形して持っていくことはできない

　図13.13の右側のものを右手三葉結び目、左側のものを左手三葉結び目と呼びます。

　3次元空間 $\mathbb{R}^3$ の中に、円周 S^1 を図13.14の下の図のように置いたもの（三葉結び目）から上の図のように置いたもの（自明な結び目）へ、自己接触なく、滑らかに動かして持っていくことはできないということを、先ほどいいました。

　しかし、一方、次のことが成立します。

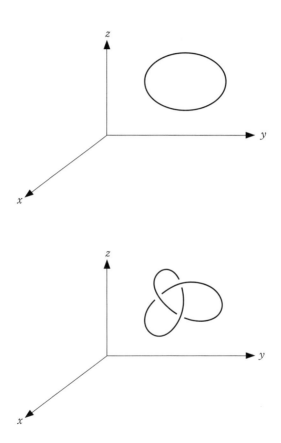

図13.14

「この$\mathbb{R}^3$が4次元空間$\mathbb{R}^4$の中にあれば、その$\mathbb{R}^4$の中ではこれら2つの結び目は、片方をもう一方に自己接触なく滑らかに動かして持っていける」

　図13.1のひもはほどけないといいました。しかし、この人のいる3次元空間$\mathbb{R}^3$が$xyzt$次元空間$\mathbb{R}^4$の中の$t=0$という点を集めてできた$\mathbb{R}^3$だったとしましょう。すると、なんと、このひもは$\mathbb{R}^4$を使えば、ほどけます。ほどけないといったのは、3次元空間$\mathbb{R}^3$ではほどけないという意味です。我々の住んでいる空間が3次元空間$\mathbb{R}^3$と一応見なされるので、我々の日常で目の前の現象としてはほどけません。次の 14 14で、この結び目のほどき方を説明します。

　次の 14 では、まず言葉や道具を準備して、上の事実の文言と内容をもうすこし正確に説明します。

3次元空間$\mathbb{R}^3$の中では結ばれていた円周が、4次元空間$\mathbb{R}^4$の中では必ずほどける

　前の 13 で予告した通り、SFっぽくいえば、3次元の中ではほどけない結び目が4次元を使えばほどける、という話をします。高次元の図形の例です。

　初心者が高次元を想像するときは、時として2次元や3次元など、より次元の低い例から類推するとうまくいくことがあります。ここで紹介する例も、その一種です。

　図14.1から図14.5で、まず3次元空間 $\mathbb{R}^3$内の図形を説明します。そして、より高次元への類推をその後で行います。

xyz空間 $\mathbb{R}^3$ を図14.1のようにとりましょう。

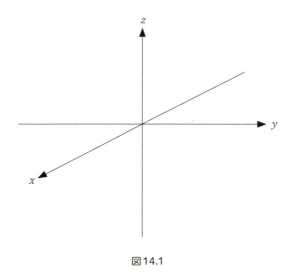

図14.1

この xyz 空間で $z=0$ のところは、どこでしょうか？ z は 0 に固定されているけど、x, y は自由にどんな値でもとれるわけですから、$z=0$ のところというのは、$\mathbb{R}^2$ になります。xyz 空間内の xy 平面です。図14.2を参照してください。

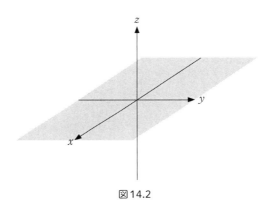

図 14.2

　さて、$\mathbb{R}^3$の中のこの$\mathbb{R}^2$の中に図14.3の左の図のように線分を置きましょう。そして、それを右の図のように、一部を$\mathbb{R}^3$の中で持ち上げましょう。この図形、すなわち線分を折り曲げて作った図形全体をPと名付けます。

　次に、図14.4のように、z軸に垂直な平面5枚で、この図形Pを切った切り口を考えてみましょう。

　図14.5のように、それぞれの切り口は、下から順に、何もない、線分2個、点2個、線分1個、何もない、となります。

　次に、いまやったことの、4次元での類推を行います。
　$\mathbb{R}^4$を用意します。座標はx, y, z, tとします。図14.6を参照してください。

Part 4 結び目がほどける？

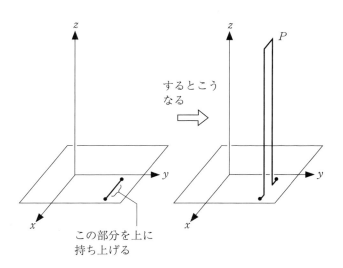

図14.3

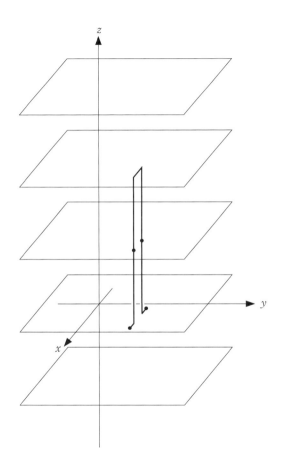

図14.4

Part 4 結び目がほどける？

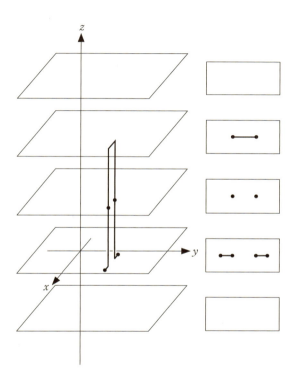

図14.5

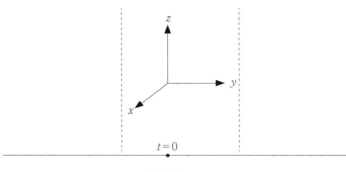

図14.6

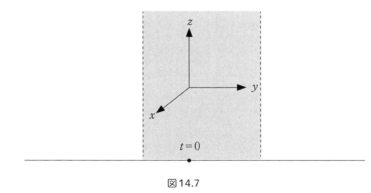

図14.7

　図14.7のように$t=0$のところを考えます。$t=0$で固定されていますが、x, y, zは自由にどんな値をとってもよいわけで

———————————————▶ t

———————————————▶ t

すから、$\mathbb{R}^4$ の中で $t=0$ のところというのは、$\mathbb{R}^3$ です。$xyzt$ 空間内の xyz 空間といいます。

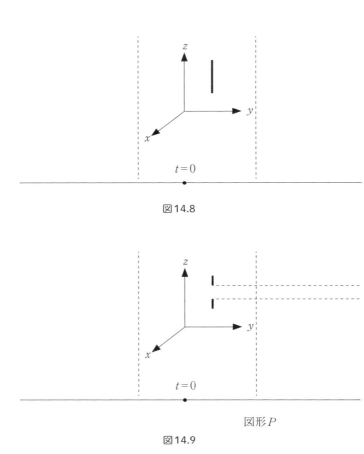

図 14.8

図形 P

図 14.9

さて、$\mathbb{R}^4$ の中のこの $\mathbb{R}^3$ の中に図14.8のように線分を置きましょう。

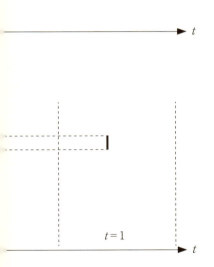

　そして、その線分を図14.9のように、一部を$\mathbb{R}^4$の中でtが0以上の方に引っ張っていきます。この図形をPと名付けます。Pは、線分を折り曲げて作った図形全体です。

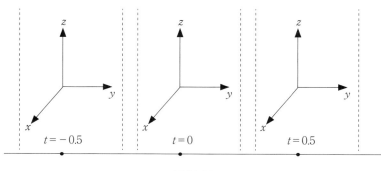

図14.10

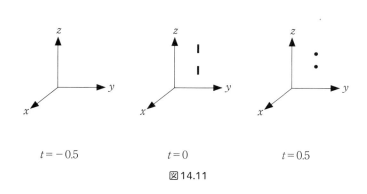

図14.11

　さて、次に、その図形Pを図14.10のように、t座標が$-0.5, 0, 0.5, 1, 1.5$のところの5ヵ所、t軸に垂直な$\mathbb{R}^3$ 5個でこの図形Pを切った切り口を考えてみましょう。

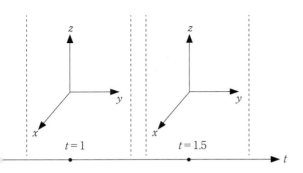

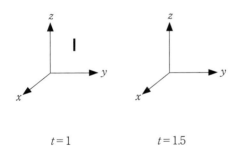

 図14.11のように、それぞれの切り口はt座標の小さい方から順に、何もない、線分2個、点2個、線分1個、何もない、となります。

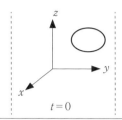

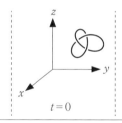

図14.12

　図14.12をご覧ください。

　前にお見せした図13.14の結び目の入っている2個の$\mathbb{R}^3$に注目してください。これらの$\mathbb{R}^3$を、図14.6、図14.7の$\mathbb{R}^4$の中のt座標が0のところである$\mathbb{R}^3$だと思います。そして、結び目はその$\mathbb{R}^3$の中にあると思います。それが図14.12です。

→ t

→ t

　図14.12の下のように置いた円周が図14.12の上のように置いた円周の位置まで、自己接触なく滑らかに動かして持っていけることを説明します。
　ここは、この本のクライマックスですから、そうとう気合いを入れてください。

さて、その説明のために、もう一回、3次元空間 $\mathbb{R}^3$ の中の図形をお見せします。この例の高次元での類推をします。

図14.13を見てください。2次元空間 $\mathbb{R}^2$ の中に、円周と点を置く置き方を2通り描きました。図14.13の左の状態から右の状態に、2次元空間 $\mathbb{R}^2$ の中で円周と点が接触しないようにして持っていくのは不可能だと思うことでしょう。実際、不可能だと証明されています。

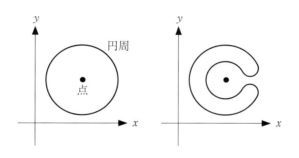

図14.13

しかし、みなさんなら容易にわかるように、次のことは可能ですね。この2次元空間 $\mathbb{R}^2$ が、xyz 空間 $\mathbb{R}^3$ の中の、$z=0$ の部分である $\mathbb{R}^2$ と思います。そして、この $\mathbb{R}^3$ の中で、図14.13の左の状態から右の状態に、円周と点が接触しないようにして持っていきます。

後で高次元への類推をしやすいように、あえてやや持って回ったような図を図14.14に描いておきます。

　まず、円周の一部を平面$z=1$まで押し上げます。このとき、平面$z=0$と平面$z=1$のあいだには、円周の一部があります。図では、平面$z=0$と平面$z=1$のあいだに線分が2本あります。

　次に平面$z=1$の中にある円周の一部を、平面$z=1$の中で曲げ動かします。

　そして、その平面$z=1$の中の図形を$z=0$に押し戻します。

　では、図14.12の下のように置いた円周が図14.12の上のように置いた円周の位置まで、自己接触なく滑らかに動かして持っていけることを説明します。

　まず、図14.12の下の図（＝図14.15の上の図）のように置いた円周の一部を、t座標が0以上の方に引っ張って持っていって、図14.15の下の図になるようにします。この操作の間、一度も円周は切れないことに注意してください。ここのところ非常に大事です。図14.8、図14.9、図14.14で行った操作と同じ要領です。

　$0<t<1$の各tのところの$\mathbb{R}^3$内には2点があります（2点のみあって、それ以外ありません）。tが0以上1以下の点線のところには、円周の一部である線分があります。点線が2本なので、線分も2本です。

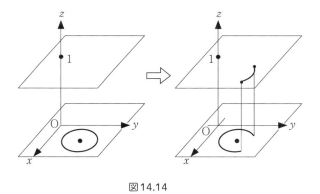

図 14.14

Part 4 結び目がほどける？

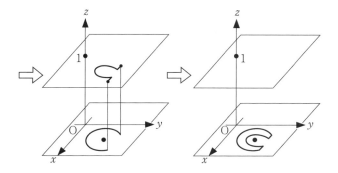

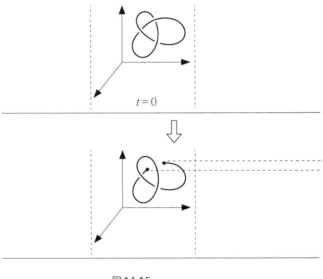

図 14.15

Part 4 結び目がほどける？

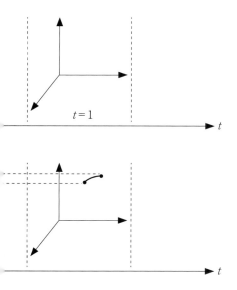

$t=1$

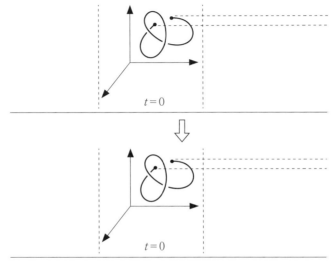

図14.16

　また円周を少し曲げます。どうやるかというと、図14.16の上の図（＝図14.15の下の図）のt座標が1のところである$\mathbb{R}^3$の中にあるところを図14.16の下のように曲げます。
　t座標が1のところ以外では円周は動かしません。

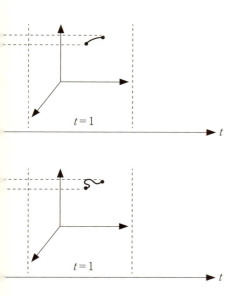

　その後、図14.16の下の図を図14.17のように変形します。t座標が0より大きい部分をt座標が0のところに押し入れました。こうして、円周はすべて$t=0$の中に入りました。

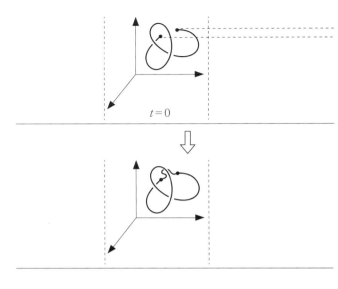

図14.17

　この円周はこの$\mathbb{R}^3$の中で結ばれていない結び目である、すなわち、この円周の位置というのは、「$t=0$の中の自己接触のない滑らかな変形」で図14.12の上の図の位置まで持っていけるのは、わかりますね。図13.6の要領です。

　これで、図14.12の下のように置いた円周が同図の上のように置いた円周の位置まで、一度も切らずに自己接触なく滑らかに動かして持っていけることが示せました。

　図13.14の後でいったことを、一般的にまとめておきまし

Part 4 結び目がほどける？

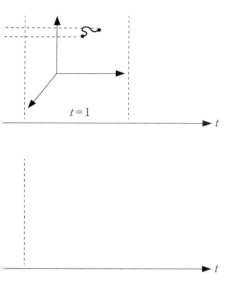

ょう。

　一般に次のことがいえます。

　$\mathbb{R}^3$の中に結び目をなんでもよいので2つとります。$\mathbb{R}^3$の中では、この2つの片方を、もう一方の位置まで自己接触なく滑らかに変形して持っていくことは、いつでもできるとは限りません。

　しかし、です。この$\mathbb{R}^3$が、「$\mathbb{R}^4$の中で$t=0$のところという、$\mathbb{R}^3$」だとします。つまり、その結び目は、この「$\mathbb{R}^4$の中で$t=0$のところという、$\mathbb{R}^3$」の中にあるとします。すると、その2つの結び目は、この$\mathbb{R}^4$の中では片方をもう一方

の位置まで、自己接触なく滑らかに変形して持っていくことができます。

さらに、次のことが知られています。
$\mathbb{R}^4$の中に円周S^1を、自己接触なく滑らかに置きます。t座標が一定の$\mathbb{R}^3$の中にあるとは限らないとします。このように置いた円周をなんでもよいので2つとります。すると、この2つのうち片方を、もう一方の位置まで自己接触なく滑らかに変形して持っていくことができます。

それでは、$\mathbb{R}^4$では「結ぶ」という概念はないのでしょうか？

実は、あります。

球面S^2は$\mathbb{R}^4$の中では結ばれるのです。次のPart5では、その話をしましょう。

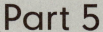

Part 5

4次元で結ばれる

**4次元空間の中でも
やはり、結ばれるものはある。
4次元空間を直感力で念想しよう**

15　4次元空間 $\mathbb{R}^4$ の中の球面 S^2

前のPart4では、ごく大雑把にいえば、「$\mathbb{R}^3$で結ばれていた結び目が$\mathbb{R}^4$ではほどける」という話をしました。では、「$\mathbb{R}^4$の中ではなにもかもがほどけてしまって、結ばれるものはないのか？」と問うのは自然でしょう。前のPart4で予告した通り、「$\mathbb{R}^4$の中でも結ばれるものはある」という話を今からします。これも高次元の図形の例です。

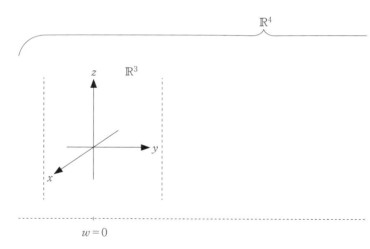

図15.1　$\mathbb{R}^4$は、$\mathbb{R}^3$が$\mathbb{R}$の方向に動いていった跡としてできる

球面 S^2 1個を $\mathbb{R}^4$ に、自己接触ない状態で滑らかに入れることはできます。これはみなさんなら容易にわかると思います。この説明から始めましょう。

4次元空間 $\mathbb{R}^4$ を $xyzw$ 空間と思っています。$w=0$ のところは、3次元空間 $\mathbb{R}^3$ です（図15.1参照）。4次元空間 $\mathbb{R}^4$ は、3次元空間 $\mathbb{R}^3$ が1次元空間 $\mathbb{R}$ の方向に動いていってできます。図3.5、図3.6あたりで説明しました。

図15.2のように$w=0$のところの3次元空間$\mathbb{R}^3$に球体B^3を埋め込めます。この境界は、球面S^2になります。この球面S^2は4次元空間$\mathbb{R}^4$の中に埋め込まれています。埋め込みも

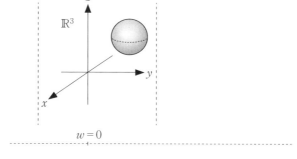

図15.2　この3次元球体B^3の境界に注目

境界も実は数学用語です。今は、埋め込み、境界という語から連想するものだと思って先に進んで大丈夫です。

$\mathbb{R}^4$

$\rightarrow w$

16 球面S^2は4次元空間$\mathbb{R}^4$の中で結ばれる

球面S^2は4次元空間$\mathbb{R}^4$の中で結ばれるという話をします。

球面$S^2$1個が$\mathbb{R}^4$に、自己接触ない状態で滑らかに入れられていたら、それを**2次元結び目**といいます。

2次元結び目と呼ぶ理由は次のとおりです。図3.12のところでいったように、球面は部分的に見れば2次元空間$\mathbb{R}^2$のように見えるので、2次元空間$\mathbb{R}^2$の2をとって、2次元結び目といいます。

もしも2次元結び目Kが、$\mathbb{R}^4$に自己接触なく滑らかに入れられている球体B^3の境界であったならば、Kを、**自明な2次元結び目**とか**結ばれていない2次元結び目**といいます。

2次元結び目が、2つあったとします。$\mathbb{R}^4$の中で、片方をもう一方に、自己接触しないように滑らかに動かして持っていけるとき、その2つの2次元結び目は、同じであるといいます。

自明な2次元結び目が存在することは、前の 15 でお話ししたことが説明になっているのは、みなさんならおわかりでしょう。

次に、自明でない2次元結び目、すなわち非自明な2次元結び目、あるいは結ばれている2次元結び目が存在することを説明します。ここも、この本のクライマックスですので、気合いを入れてください。

Part 5　4次元で結ばれる

　まず、いくつか準備をします。より低い次元の例を話します。あとで、その類推で結ばれている2次元結び目を作ります。

　xy空間$\mathbb{R}^2$を用意します。この中のx軸をとります。x軸上の点であって、x座標が0以上の部分をFと呼ぶことにします。座標を使って書けば「$x \geqq 0, y=0$」（図16.1参照）という部分です。

　ここで、記号を導入しておきましょう。

　　$\{(x, y) \mid \cdot\cdot\cdot\cdot\}$

と書いてあれば、

　　・・・・という条件を満たす(x, y)すべての集まり

という意味です。
　たとえば、xy平面内で、

　　$\{(x, y) \mid x^2+y^2=1\}$

が円周を表すことは、知っていると思います。
　今後も同様の記号を使います。

　この記号を使って書けば、

$F = \{(x, y) \mid x \geqq 0, y=0\}$

です。

ここで2次元空間 $\mathbb{R}^2$ は、F を原点 $(0, 0)$ のまわりに1回転したものだと見なせます。図16.1を見てください。

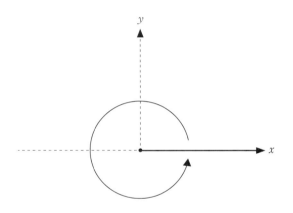

図16.1　$\mathbb{R}^2$ は、「$x \geqq 0, y=0$」という部分を原点 $(0, 0)$ のまわりに1回転したものだと見なせる

次に、xyz 空間 $\mathbb{R}^3$ の中の xz 平面を見ましょう。この xz 平面の中の点で、x 座標が0以上の部分を F と呼ぶことにします。図16.2で網かけをつけているところです。図の都合で、F の全部分に網かけをつけられませんが、

$F = \{(x, y, z) \mid x \geqq 0, y=0\}$

です。zについて条件が書いてありませんが、これは、zはすべての値をとるという意味です。

すると、ここで、3次元空間$\mathbb{R}^3$は、Fをz軸のまわりに1回転したものだと見なせます。図16.2を見てください。

どの軸をx軸、y軸、z軸とするかが、みなさんのよく慣れている流儀と違うかもしれませんが、気にしないでください。このことはP27のあたりでも図1.10に関して述べたことです。

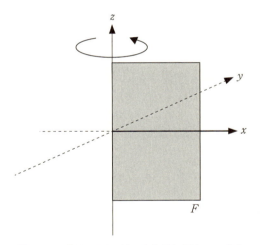

図16.2 $\mathbb{R}^3$は、Fをz軸のまわりに回してできる

今度は、このようなことを考えてください。図16.3の中の弧を点線のまわりに回せば、球面S^2が得られます(この回転は$\mathbb{R}^3$の中で行われます)。

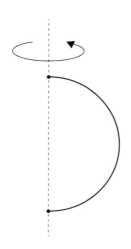

図16.3　この弧を点線のまわりに回せば、球面 S^2 が得られる

さきほどの図16.1では、$\mathbb{R}^2$ の中での回転を考えました。
図16.2では、$\mathbb{R}^3$ の中での回転を考えました。
さて、次は「$\mathbb{R}^4$ の中での回転」を考えます。今回も、より低い次元での例を考えて、それの高次元での類推をしていきます。目標は、図16.6、図16.9、図16.10の説明です。

図16.1は、0次元のあるもののまわりに1次元のあるものを回すと2次元空間 $\mathbb{R}^2$ になるという話でした。
図16.2は、1次元のあるもののまわりに2次元のあるものを回すと3次元空間 $\mathbb{R}^3$ になるという話でした。
今からやるのは、2次元のあるもののまわりに、3次元のあるものを回すと、4次元空間 $\mathbb{R}^4$ になるという話です。

図16.1での回転と、図16.2での回転の関係をまず説明します。

 図16.1のxy平面を、xyz空間$\mathbb{R}^3$の中の$z=0$のところのものだと思います。図16.1をz軸の方向に走らせます。

 すると、図16.1の$A=\{(x, y) \mid x \geq 0\}$が、図16.2の$B=\{(x, y, z) \mid x \geq 0\}$になります。$A$、$B$はさきほどとは別の名前をつけました。図16.4を見てください。

 xyz空間$\mathbb{R}^3$は、$z=\zeta$(ゼータ)の各値のところに、xy空間$\mathbb{R}^2$があるという状態です。その各$\mathbb{R}^2$とBの交わりは、$z=0$のときのA(図16.4のいちばん左の図参照)と同じ位置に同じ形があります、これをA_ζと名付けておきます。

 そして、Aを、ある角度θだけ回すのに応じて、各A_ζを一斉に揃えて角度をθ回すことをすると、B(図16.4の真ん中の図参照)を回す回転になるというのは、みなさんならわかるでしょう。

 図16.4では、ζが、$-1, 0, 1$のときの切り口を描いてあります。

 続いて、図16.5を見てください。図16.2の座標をx, y, wと変えて図16.5を描きます。座標の書き換えは説明に都合がよいからで、数学的にとくに深い意味はありませんので気にしないでください。

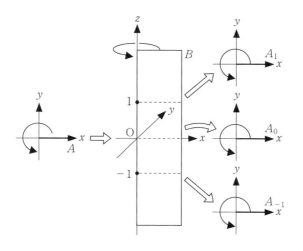

図16.4

Part 5 4次元で結ばれる

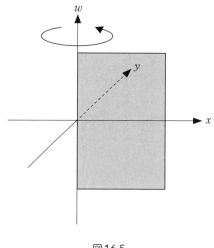

図16.5

次に、図16.6を見てください。

図16.5に描かれたxyw空間$\mathbb{R}^3$を、$xyzw$空間$\mathbb{R}^4$の$z=0$のところのものだと思いましょう。そして、図16.5を図16.6のように、z軸の向きに$-\infty$から∞に走らせることを考えましょう。

図16.5の、xyw空間$\mathbb{R}^3$内の$A=\{(x, y, w) \mid x\geq 0\}$は、図16.6の、$xyzw$空間$\mathbb{R}^4$内の$B=\{(x, y, z, w) \mid x\geq 0\}$になります。

$xyzw$空間$\mathbb{R}^4$は、$z=\zeta$の各値のところに、xyw空間$\mathbb{R}^3$があるという状態です。その各$\mathbb{R}^3$とBの交わりは、$z=0$のときの図16.5の、Aと同じ位置に同じ形があります、これをA_ζと名付けておきます。

そして、図16.5でAをある角度θだけ回すのに応じて、各

133

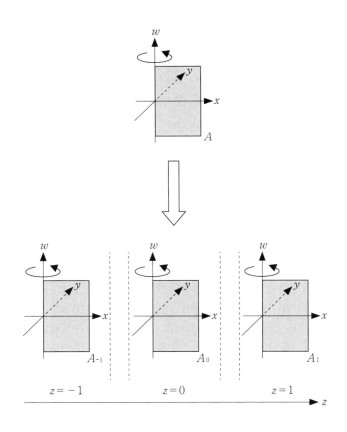

図16.6 上は、図16.5。それを $xyzw$ 空間 $\mathbb{R}^4$ の中で z 軸の向きに走らせる。A_ζ すべて合わせたものが B。ここには A_ζ のうち A_{-1}、A_0、A_1 のみ描いてある

A_ζを一斉に揃えて角度θだけ回すというようにすると、図16.6でBを回す回転になります。

この回転を使って、$\mathbb{R}^4$の中の非自明な2次元結び目を作ります。その前に、もう少し、この図16.6の説明をします。この図16.6は他にも別の見方があるという話です。

さて、この$xyzw$空間$\mathbb{R}^4$は、xyw空間$\mathbb{R}^3$をz軸の向きに動かした図です。

この4次元空間$\mathbb{R}^4$をxzw空間$\mathbb{R}^3$をy軸の向きに動かして描いてみましょう。同じ図を別の見方で描いてみよう、というわけです。

その前に、「$xyzw$空間$\mathbb{R}^4$を、xyw空間$\mathbb{R}^3$をz軸の向きに動かした図から、xzw空間$\mathbb{R}^3$をy軸の向きに動かした図に描き換える」ことの例をお見せします。

図16.7を見てください。

もうひとつ例をお見せします。図16.8を見てください。図を見やすくするために座標軸の向きの描き方を図16.7とは違えていますが、見る方向を変えただけです。

図16.6でやっていることは、図16.9のように描けます。あるいは、図16.10のように回しています。それを、かなり気持ちで描いたのが図16.11です。

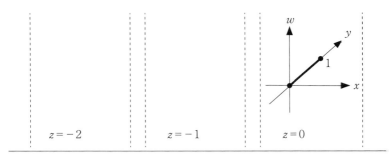

同じ図形の
別の表し方

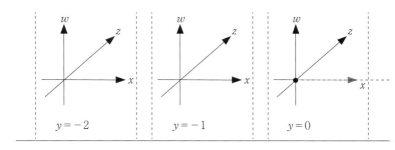

図16.7

Part 5　4次元で結ばれる

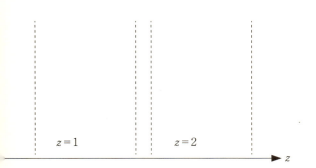

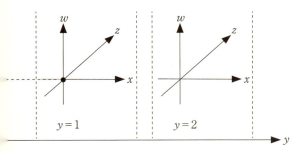

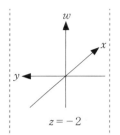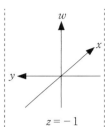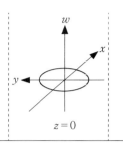

同じ図形の別の表し方

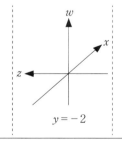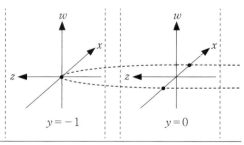

図 16.8

Part 5 4次元で結ばれる

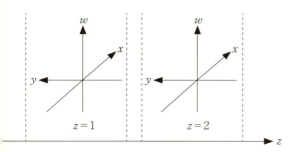

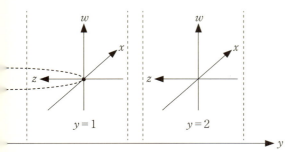

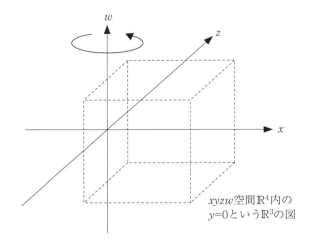

$xyzw$空間 $\mathbb{R}^4$ 内の
$y=0$ という $\mathbb{R}^3$ の図

図16.9　$\mathbb{R}^4$ は、$\mathbb{R}^3_{\geq 0} = \{(x, y, z, w) \mid x \geq 0,\ y=0\}$ を zw 平面のまわりに回したものと思うことができる。↻は、かなり、気持ちを描いたものである

すなわち $\mathbb{R}^4$ を、$\mathbb{R}^3_{\geq 0} = \{(x, y, z, w) \mid x \geq 0,\ y=0\}$ を zw 平面のまわりに回転してできたものと見なせます。図 16.9、16.10、16.11 を見てください。直感力を働かせて気合いで想像してください。

ここは、山場です。気合いを入れて直感力を使ってください。SF小説やSF映画で、超能力の訓練をするシーンがあります。そういうシーンの超能力を訓練している登場人物に、なりきりましょう。人によっては、人生初の衝撃体験が待っていますよ。

高次元を直覚してください。

Part 5 4次元で結ばれる

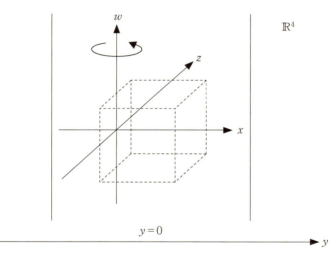

図16.10 $\mathbb{R}^4$ は、$\mathbb{R}^3_{\geq 0}=\{(x, y, z, w) \mid x \geqq 0, \ y=0\}$ を zw 平面のまわりに回したものと思うことができる。↻は、かなり気持ちを描いたものである

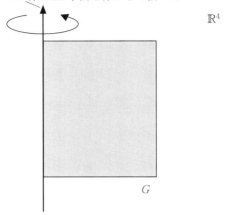

図16.11 　$\mathbb{R}^4$ は $G = \mathbb{R}^3_{\geq 0} = \{(x, y, z, w) \mid x \geq 0,\ y = 0\}$ を zw 平面のまわりに回転してできたものと見なせる

　3次元空間 $\mathbb{R}^3$ の話にいったん戻ります。

　$\{(x, y, z) \mid x \geq 0,\ y = 0\}$ の中に図16.12に描かれたような点が、あったとします。

　$\{(x, y, z) \mid x \geq 0,\ y = 0\}$ を z 軸のまわりに回転させるときに、この点も一緒に回転させます。すると、$\mathbb{R}^3$ の中の S^1 になります。

　図16.2、図16.3を思い出して参考にしてください。

　さあ、今から、非自明な2次元結び目（4次元空間 $\mathbb{R}^4$ の中で結ばれている球面 S^2）を作ります。

　図16.13のように、$\mathbb{R}^3_{\geq 0} = \{(x, y, z, w) \mid x \geq 0,\ y = 0\}$ という図形の中に弧をとります。

Part 5 4次元で結ばれる

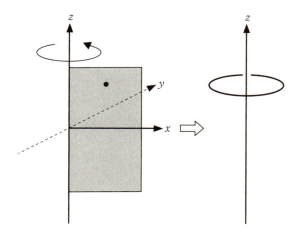

図16.12　点をz軸のまわりに回転させると円になる

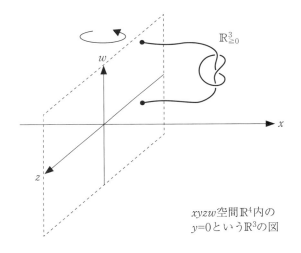

図16.13 $\{(x, y, z, w) \mid x \geqq 0,\ y=0\}$ を zw 平面のまわりに回転させるときに、弧を一緒に回転させると $\mathbb{R}^4$ の中の S^2 が得られます。↻は、かなり気持ちを描いたものである

Part 5 4次元で結ばれる

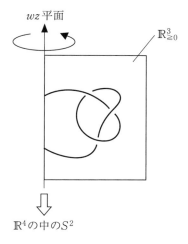

図16.14 かなり、気持ち重視で、図16.13を描いた概念図

$\{(x, y, z, w) \mid x \geqq 0, y=0\}$ を zw 平面のまわりに回すときに、この弧も一緒に回します。すると弧は、球面 S^2 になります。図16.3を思い出してください。弧を点線のまわりに回転して球面 S^2 が得られました。そして、その回転のときに、$\{(x, y, z, w) \mid x \geqq 0, y=0\}$ は4次元空間 $\mathbb{R}^4$ になります。これで、$\mathbb{R}^4$ の中の S^2 が得られました。

想像してください。

この操作を、かなり、気持ち重視で描いた概念図が図16.14です。

このようにして、2次元結び目が得られました。

ここで、次のことに注意してください。

図16.15のように、3次元空間 $\mathbb{R}^3$ の中で、線分を曲げて両端を z 軸に止めておき、その線分を3次元空間 $\mathbb{R}^3$ の中で z 軸のまわりに回したとします。この場合、軌跡としてできあがる図形は、自己接触していることはおわかりでしょうか。すなわち、「自己接触のない球面」ではありません。

つまり、図16.13、16.14で2次元結び目を作っているとき、$\mathbb{R}^4$ の中で、$\mathbb{R}^2$ のまわりを回しています。図16.15のように、$\mathbb{R}^3$ の中で、$\mathbb{R}^1$ のまわりを回しているのではありません。

Part 5　4次元で結ばれる

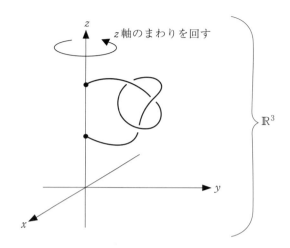

図16.15　これでは、できあがった図形が自己接触する

　図16.16を見てください。AとBを弧の端の点とします。AとBは、zw平面にあります。

　AとBを、図16.16のように点線で結びます。すると、弧と点線からなる、xzw空間 $\mathbb{R}^3$ の中の1次元結び目が得られました。この1次元結び目をKと呼びます。

　図16.13 のようにして得られた2次元結び目を**Kのスパン結び目**といいます。

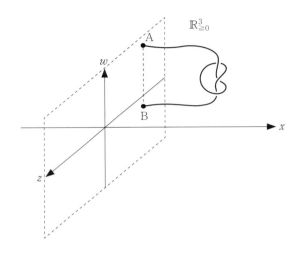

図16.16　スパン結び目をこの1次元結び目から作る

　結ばれている1次元結び目Kのスパン結び目は、いかにも結ばれているような気がしますか？　すなわち、自明な結び目でない、非自明な結び目であるという気がしますか？

　はい。そうです。

　ただ、実際にそれを証明するのは大学学部レベルの数学が必要になります。

　しかし、初心者の人は、今は「この2次元結び目が、結ばれているようだな、非自明のようだな」と直感的に感じるだけで十分です。その直感があれば、高次元に関するすべての学問を始めるだけの地力はすでに備わっています。高次元に関することを学ぶときは、まずは直覚的に見えることが大事です。

Part 5 4次元で結ばれる

　また、1次元結び目Kが自明な結び目だったら、Kのスパン結び目は、自明な2次元結び目だということも、なんとなく直感的に感じますか。これは、初心者でも頑張れば証明できるでしょう。やってみてください。

　本書は入門書ですので、ここまで読者を連れてくるところまでが役目です。1次元結び目のところでもいいましたが、三葉結び目が自明結び目ではないということの証明も大学以上のレベルです。2次元結び目の場合も、そのくらいのレベルなのです。しかし、直感的に結ばれてそうだな、という感覚が、まずは大事です。

　非自明な1次元結び目Kのスパン結び目が、非自明であるということを示すには、基本群というものを使えばできます。

　本書を読み終えた後に、参考文献の [48, 52] などをご覧ください。

　次の「　」の性質を満たす無限個の1次元結び目があります。
「それら無限個の1次元結び目から作ったスパン結び目は、どの2つをとってもお互いに違う（つまり、もともとの1次元結び目もお互いに違っていたということになる）」
　つまり、次の「　」の性質を満たす無限個の2次元結び目があります。
「それら無限個の2次元結び目から、どの2つをとってもお互いに違う」
　これも証明は上記の文献をご覧ください。

非自明な 2 次元結び目の作り方を、もうひとつ紹介します。

　$\mathbb{R}^3_{\geq 0}=\{(x, y, z, w) \mid x \geq 0, \ y=0\}$ と弧を zw 平面のまわりに回転させるときに、弧の P と Q の間の部分を、図 16.17 のように、$\mathbb{R}^3_{\geq 0}$ の中で k 回まわします（k は整数）。

　図 16.17 に点線で描かれている球体を中身ごと回したと思ってください。この球体を zw 平面のまわりに公転させながら自転させるイメージです。地球が自転しながら太陽のまわりを公転しているイメージです。

　$\mathbb{R}^4$ の中の S^2、すなわち、2 次元結び目が得られました。この 2 次元結び目を、1 次元結び目 K の **k - ツイストスパン結び目**といいます。k は k 回回転していることを表しています。

　スパン結び目は自転していなかったので $k=0$、すなわち、0 - ツイストスパン結び目です。

　すべての 1 次元結び目について、その 1 - ツイストスパン結び目と（- 1）- ツイストスパン結び目は自明な 2 次元結び目になることが知られています。参考文献［52］を参照してください。

　k を $k \neq 0, \pm 1$ の、どれでもよいから 1 つに固定します。そのとき、次の「　」のことが知られています。

「無限個の 1 次元結び目があって、それらの k - ツイストスパン結び目は、お互いに違う」

　証明は、アレクサンダー多項式、アレクサンダー加群、基本群、μ 不変量、η 不変量等を使ってできます。

Part 5 4次元で結ばれる

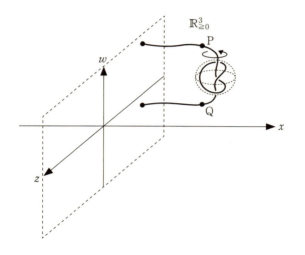

図16.17 ツイストスパン結び目を作る

さらに、次の「　」の性質を持つ無限個の2次元結び目があることが知られています。
「kをどのような整数にしてもその2次元結び目はk－ツイストスパン結び目とは違う」
　詳しくは参考文献［20, 48, 49, 52］を見てください。

　さて、話をさらに進めて、5次元空間$\mathbb{R}^5$など、n次元空間$\mathbb{R}^n$（nが5以上の整数）の中でも「結ばれる」という現象は起こるのでしょうか？
　起こります。次の節から、その話をします。

Part 6

高次元で結ばれる

**高次元空間の中でも
やはり、結ばれるものはある。
高次元空間を気合いで直覚する**

3次元球面S^3、n次元球面S^n（nは4以上の整数）

前のPart5では、4次元空間$\mathbb{R}^4$の中でも結ばれるものがあるという話をしました。ここでは、高次元空間の中でも、やはり、結ばれるものはあるという話をします。

まず3次元球面というものから紹介します。

ここでも、より低い次元の例からやっていきましょう。後で、この話を高次元に一般化します。

まず円周S^1は、次のように考えられます。
図17.1のように、x空間$\mathbb{R}^1$の中に2つの線分Iを置きます。

図17.1

この$\mathbb{R}^1$を、xy空間$\mathbb{R}^2$のy座標が0のところである$\mathbb{R}^1$と見なします。2つの線分Iも、その$\mathbb{R}^1$の中にあるとします。

Part 6 高次元で結ばれる

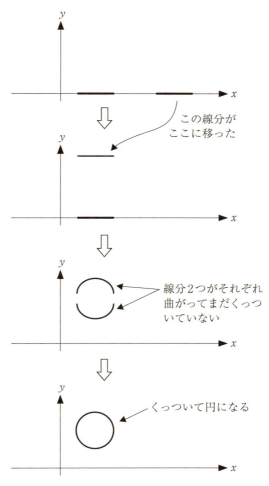

図17.2 $\mathbb{R}^1$ の一部である線分2つから S^1 を作る方法

この線分 I 2 つを $\mathbb{R}^2$ の中で、図17.2のように持っていき、曲げて合体させれば円周 S^1 を作れます。

次に、球面 S^2 は、以下のようにして作ったと思うことができます。

図17.3のように、xy 空間 $\mathbb{R}^2$ の中に 2 個、円板 D^2 を置きます。

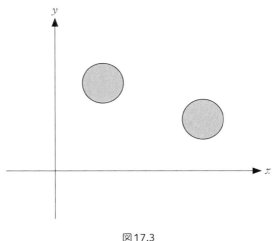

図17.3

この $\mathbb{R}^2$ を、xyz 空間 $\mathbb{R}^3$ の z 座標が 0 のところである $\mathbb{R}^2$ と見なします。2 個の円板も、その $\mathbb{R}^2$ の中にあるとします。

この円板 D^2 2 つを $\mathbb{R}^3$ の中で、図17.4のように持っていき、曲げて合体させると球面 S^2 を作れます。

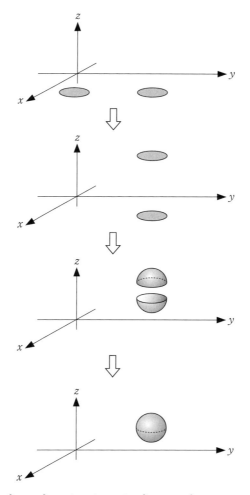

図17.4 S^2は、$\mathbb{R}^2$の一部である円板D^2 2つを$\mathbb{R}^3$にとって、曲げて合体させて作れる

では、3次元球面S^3の説明に入ります。

図17.5のように、xyz空間$\mathbb{R}^3$の中に2個、球体B^3を置きます。

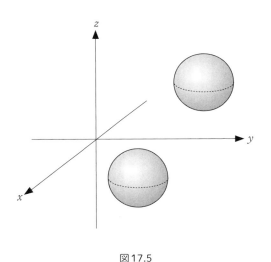

図17.5

この$\mathbb{R}^3$を、「$xyzw$空間$\mathbb{R}^4$のw座標が0のところである$\mathbb{R}^3$」と同一視します。$\mathbb{R}^4$については、図3.5と図3.6と図15.1を思い出してください。図17.6のように描けます。

Part 6 高次元で結ばれる

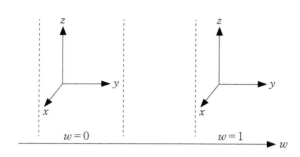

図17.6

2個の球体も、図17.7のようにその$\mathbb{R}^3$の中にあると見なせます。

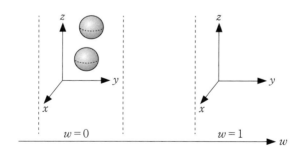

図17.7

今から、この B^3 2つを $\mathbb{R}^4$ の中で曲げて合体させ、球面 S^3 を作ります。

まず、図17.7の中の B^3 の片方を w 座標が1のところに持っていきます。図17.8を見てください。

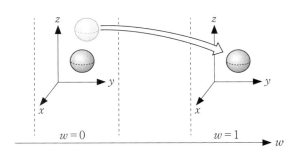

図17.8

次に、図17.9、図17.10を見てください。

$\mathbb{R}^4$ を $xyzw$ 空間 $\mathbb{R}^4$ と思っていました。$w=0$ のところは、3次元空間 $\mathbb{R}^3$ でした。

$w=1$ のところも、3次元空間 $\mathbb{R}^3$ です。
$0<w<1$ の各 w のところも、3次元空間 $\mathbb{R}^3$ です。
$\mathbb{R}^3$ の一部である球体 B^3 2つを、片方は $w=0$ のところに、

Part 6 高次元で結ばれる

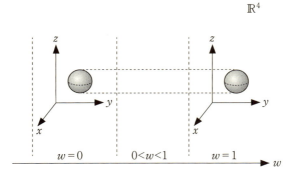

図17.9 　$\mathbb{R}^3$の一部である球体2つを$\mathbb{R}^4$に上のように置き、この状態から始めてS^3を作る

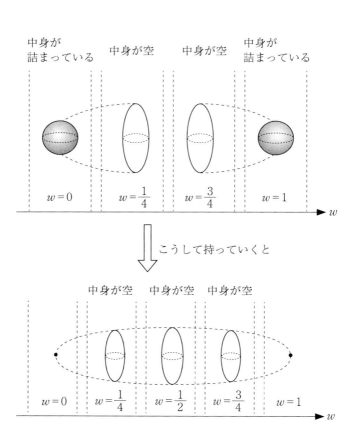

図17.10

もう一方は$w=1$のところに置き、これらを$\mathbb{R}^4$の中で曲げていき、合体させてS^3を作ります。

B^3の境界のS^2が$0<w<1$のところを動くイメージです。

境界という言葉は、数学的にきちんと定義される言葉ですが、今は日常用語の感覚で、境界という言葉で連想するものと思って、先に進んで大丈夫です。きちんとした定義は多様体について書かれた本を見れば載っています。

S^1の場合（図17.2）、S^2の場合（図17.4）から類推してください。見えますか？　想像を膨らませてください。

11 や、図3.12でも話しましたが、地球上にいると地球の表面が球面S^2だということになかなか気づきません。小さい子供は知らないこともあります。大昔は地球が球面であることは知られていませんでした。

人間には球面S^2の一部しか見えないので、自分のまわりの地面が2次元空間$\mathbb{R}^2$の一部だとわかっても、全体の形は気づきにくいのです。

これも、**11** でも問いましたが、では、我々の宇宙はどのような形でしょうか？　私たちのまわりだけ見ていると、3次元空間$\mathbb{R}^3$の一部です。ここでは、時間で1次元分というのは無視しています。超弦理論などの「小さい」高次元の方向があるかもしれないという話も無視しています。

では、宇宙全体はどういう形なのでしょうか？　$\mathbb{R}^3$でしょうか？　もしかするとS^3かもしれません。我々の住んでいる大地が$\mathbb{R}^2$でなくてS^2だったように。あるいはS^3以外のもう少し複雑な3次元の図形なのかもしれません。どうなの

でしょうか。

　3次元球面S^3を5次元空間$\mathbb{R}^5$に自己接触なく滑らかに入れたものを、3次元結び目といいます。さて、3次元結び目には2種類以上の種類があるのでしょうか？ 1次元結び目や2次元結び目の場合のように。この疑問に次の節で答えます。

　図17.9、図17.10では、w軸を時間の流れと思って見たら見やすい人はそうしてもよいのですが、これから考える5以上の次元は、そうもいきません。

　ところで、3次元球面S^3は文字式を使って表すと、どうなるでしょうか？

　今までに説明してきたことの復習も交えて、説明していきます。

　円周は、図17.11のように、xy平面$\mathbb{R}^2$で
　　$x^2+y^2=1$
と表せるのでした。

　本書ではそれだけでなく、それを自己接触なく曲げたり引き伸ばしたり縮めたり動かしたりしたものも、円周と呼んでいます。

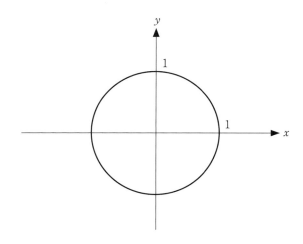

図 17.11　円周 $x^2+y^2=1$

　円板は、xy 平面 $\mathbb{R}^2$ で
　　$x^2+y^2 \leqq 1$
と表せるのでした。
　本書ではそれだけでなく、それを自己接触なく曲げたり引き伸ばしたり縮めたり動かしたりしたものも、円板と呼んでいます。

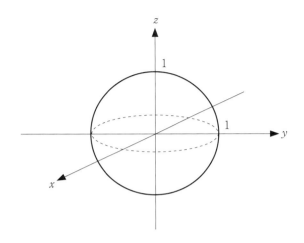

図17.12　球面 $x^2+y^2+z^2=1$

　球面は、図17.12のように、xyz空間 $\mathbb{R}^3$ で
　　$x^2+y^2+z^2=1$
と表せるのでした。
　本書ではそれだけでなく、それを自己接触なく曲げたり引き伸ばしたり縮めたり動かしたりしたものも、球面と呼んでいます。

　中身の詰まった球体は、xyz空間 $\mathbb{R}^3$ で
　　$x^2+y^2+z^2 \leqq 1$
と表せます。
　本書では、円周や円板、球面と同じように、それを自己接触なく曲げたり引き伸ばしたり縮めたり動かしたりしたもの

も、球体と呼んでいます。

0次元球面とはどういうものでしょうか？　上述から類推してください。S^0はx空間$\mathbb{R}^1$の中で、
$$x^2=1$$
というものと定義します。これは$x=1, -1$です。0次元球面というと、2点のことなのです。

さて、3次元球面S^3は、文字式で表すとどう表されるでしょうか。
$xyzw$空間$\mathbb{R}^4$で、
$$x^2+y^2+z^2+w^2=1$$
と表されることが、みなさんならわかるでしょう。

本書では、それだけでなく、それを自己接触なく曲げたり引き伸ばしたり縮めたり動かしたりしたものも、3次元球面S^3と呼んでいます。

$x^2+y^2+z^2 \geqq 0$なので、$-1 \leqq w \leqq 1$です。さて、$-1 < \tau < 1$とすると、$xyzt$空間$\mathbb{R}^4$のなかの$w=\tau$という$\mathbb{R}^3$で、S^3を切ると、$x^2+y^2+z^2=1-\tau^2$という球面S^2です。$\tau=\pm 1$では1点を表しています。図17.10のようになります。ここの話は図17.10を式を使って説明したともいえます。

しかるに、円周を**1次元球面S^1**ともいいます。前ページで出てきた球面、いわゆる球面を**2次元球面S^2**ともいいます。

S^1, S^2の話からS^3を類推してください。

$xyzw$空間$\mathbb{R}^4$で、

$$x^2+y^2+z^2+w^2 \leq 1$$
で表される図形を **4次元球体B^4** といいます。しかるに、円板D^2を**2次元球体B^2**とか**2次元球体D^2**ともいいます。球体B^3を**3次元球体B^3**ともいいます。

B^2, B^3の話からB^4を類推してください。想像を廻らせてください。

x空間$\mathbb{R}^1$で、
$$x^2 \leq 1$$
は、$-1 \leq x \leq 1$のことです。そして、これらの式で表される図形は線分Iでした。なので、線分は、**1次元球体**と思うことができます。しかるに、「線分＝1次元球体」は、B^1とも表します。

0次元球体B^0とは1点のこととします。

このあたりから、より高みに進みます。ここまで読んできたみなさんなら大丈夫です。

$x_1 x_2 \cdots x_{n+1}$空間$\mathbb{R}^{n+1}$で、
$$x_1{}^2+x_2{}^2+\cdots+x_n{}^2+x_{n+1}{}^2=1$$
で表される図形を **n次元球面S^n** といいます。
$$x_1{}^2+x_2{}^2+\cdots+x_n{}^2+x_{n+1}{}^2 \leq 1$$
で表される図形を、**$(n+1)$次元球体B^{n+1}** といいます。

m次元球面S^mの次元は何かと問われれば、mと答えます。
l次元球体B^lの次元は何かと問われれば、lと答えます。
a次元球面やa次元球体のことも、a次元の図形といいま

す。

S^n も、S^1, S^2, S^3 の場合のように次のようにして作れます。

$x_1 x_2 \cdots x_n$ 空間 $\mathbb{R}^n$ の一部である n 次元球体 B^n を、2つ用意します。これらを $x_1 x_2 \cdots x_n x_{n+1}$ 空間 $\mathbb{R}^{n+1}$ の中に置きます。片方は $x_{n+1}=0$ のところに、もう一方は $x_{n+1}=1$ のところに置きます。これらを $\mathbb{R}^{n+1}$ の中で曲げていって合体させると、S^n が作れます。

S^1 の場合、S^2 の場合、S^3 の場合から類推してください。見えますか？ 想像してください。

n 次元球面 S^n を $(n+2)$ 次元空間 $\mathbb{R}^{n+2}$ に自己接触なく滑らかに入れたものを、n 次元結び目といいます。

さて、n 次元結び目には2種類以上の種類があるのでしょうか？ 1次元結び目や2次元結び目の場合のように。この疑問に次の節で答えます。

18　$(n+2)$次元空間 $\mathbb{R}^{n+2}$ の中で n 次元球面 S^n は結ばれる (n は3以上の自然数)

今から、n 次元結び目についての話をします。高次元の図形の例です。

n は自然数どれでもよいです。つまり、5次元結び目だとか、101次元結び目だとかを議論するわけです。

こういう高次元を考えるときに、より低い次元からの類推というのは大事なことです。前の章でやった2次元結び目の説明と、やや重複した感じで説明は進みます。

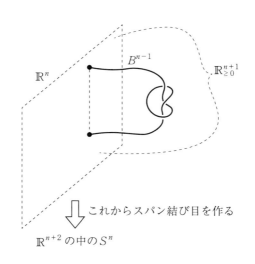

図18.1 n次元結び目をスパン結び目として作る

初心者の方、直感力を使って心眼で見てください。

もしも、n次元結び目Kが、$\mathbb{R}^{n+2}$に埋め込まれたn次元球体B^nの境界であれば、Kを**自明なn次元結び目**、もしくは**結ばれていないn次元結び目**といいます。

自明なn次元結び目が存在することは、ここまでお読みになった読者のみなさんには明らかでしょう。$\mathbb{R}^{n+2}$の中の自明なn次元結び目を想像してみてください。

n次元結び目が、2つあるとします。$\mathbb{R}^{n+2}$の中で、片方をもう一方に、自己接触しないように滑らかに動かして持っていけるとき、その2つの結び目は、「同じである」といいます。

さて、非自明なn次元結び目、すなわち結ばれたn次元結び目が存在することを説明しましょう。

このあたりになってくると、説明に座標や変数が増えてきますが、大事なのは式の字面だけを追うことに頼らず、想像を逞しくすることです。

$(n+2)$次元空間$\mathbb{R}^{n+2}$を、$\mathbb{R}_{\geq 0}^{n+1} = \{(x_1, \cdots, x_{n+2}) \mid x_1 \geqq 0, x_2 = 0\}$(これは$(n+1)$次元です)を$x_3 \cdots x_{n+2}$空間$= \{(x_1, \cdots, x_{n+2}) \mid x_1 = 0, x_2 = 0\}$(これは$n$次元です)のまわりに回転させたものであると見なすことができるというのは、読者のみなさんならばわかることと思います。

図16.9から図16.11で、$\mathbb{R}^4$を$\mathbb{R}_{\geq 0}^3$($\mathbb{R}^3$の中のものでしたね)を回したものと見なせるという話をしました。そこから

類推してください。

図18.1を見てください。$(n-1)$次元球体 B^{n-1} を

$\mathbb{R}_{\geq 0}^{n+1} = \{(x_1, \cdots, x_{n+2}) \mid x_1 \geq 0, \ x_2 = 0\}$

の中にとります。そして、B^{n-1} の境界を

$x_3 \cdots x_{n+2}$ 空間 $= \{(x_1, \cdots, x_{n+2}) \mid x_1 = 0, \ x_2 = 0\}$

の中に取ります。

上記の $\mathbb{R}_{\geq 0}^{n+1}$ を $x_3 \cdots x_{n+2}$ 空間のまわりを回すときに、B^{n-1} を一緒に回します。すると、$\mathbb{R}^{n+2}$ の中の S^n が得られました。高次元空間を想像してください。すなわち、n 次元結び目が得られました。

もう一度、図18.1を見てください。

上記の $\mathbb{R}_{\geq 0}^{n+1}$ をの中の B^{n-1} から、$(n-1)$ 次元結び目が得られます。この結び目を K と名付けましょう。

前の章で1次元結び目から、スパン結び目を作ったときの方法と同様です。類推してください。

上のように B^{n-1} から得られた n 次元結び目を、K の**スパン結び目**といいます。

次の「　」の性質を満たす無限個の $(n-1)$ 次元結び目があります。

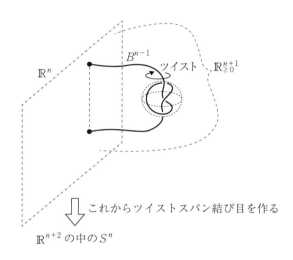

図18.2 n次元スパン結び目

「それら$(n-1)$次元結び目から作ったスパン結び目は、お互いに違う（ということは、もともとの$(n-1)$次元結び目もお互いに違っていたということになる）」

しかるに、次の「　」の性質を満たす無限個のn次元結び目があります（nは3以上の自然数ならなんでもよい）。
「それらn次元結び目は、お互いに違う」

詳しくは参考文献［20, 48, 49, 52］をご覧ください。

図18.2を見てください。
nを3以上の自然数とします。$(n-1)$次元結び目の**k-ツイストスパン結び目**を定義することができます。

B^{n-1}を$x_3 \cdots x_{n+2}$空間のまわりに回すときに、$(n-1)$次元球体B^{n-1}を、1次元結び目のk-ツイストスパン結び目を定義したときと同様に、回転させます。

nは3以上の自然数ならなんでもよいとします。すべての$(n-1)$次元結び目について、その1-ツイストスパン結び目と（-1）-ツイストスパン結び目は、自明なn次元結び目になることが知られています。

nが2のときも正しいことは、前の節の図16.17あたりでいいました。

kを$k \neq 0, \pm 1$の、どれでもよいから1つに固定します。nは2以上の整数とします。そのとき、次の「　」のことが知られています。
「無限個の$(n-1)$次元結び目があって、それら$(n-1)$次元結び目のどの2つを取ってk-ツイストスパン結び目を作っ

Part 6 高次元で結ばれる

ても、お互いに違う」

　証明は、アレクサンダー多項式やアレクサンダー加群、基本群というものを使ってできます。

　さらに、次の「　」の性質を持つ、無限個の n 次元結び目があります。
「これら n 次元結び目は、どの2つをとっても、互いに違う。これらのどの1つをとっても、次が成り立つ。k をどのような整数にしても、それは k - ツイストスパン結び目とは違う」

　詳しくは参考文献 [20, 48, 49, 52] をご覧ください。

　発展的な読者の方へ。

　n、p が自然数で、$n > p+2$ とします。PL埋め込みという条件の下では、どんな n、p のペアに対しても、$\mathbb{R}^n$ の中の S^p はすべて自明だと知られています。詳しくは、参考文献 [51] をご覧ください。ところが、滑らかな埋め込みという条件の下では、ある n、p に対しては、$\mathbb{R}^n$ の中の S^p には、自明な埋め込み方と非自明な埋め込み方の両方があることが知られています。詳しくは、参考文献 [8] をご覧ください。

Part 7

次元を1つ上げる

**次元を1個上げれば
右手系、左手系は区別できない。
次元を1個上げることを
想像して直観する**

高次元の図形をいろいろと、お見せしてきました。

このPart7では、図1.5の前、および図1.10、図1.11の前で予告した話をします。これも、高次元の図形を観照する例です。

19 　右手系、左手系

図19.1は、図1.5と同じ図です。

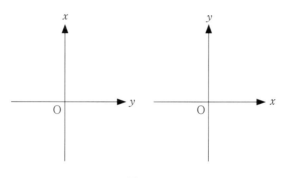

図19.1

これもご存じの方が多いと思いますが、図19.1の右側のx軸、y軸の置き方によって決まるxy座標系を、右手系といいます。左側のx軸、y軸の置き方によって決まるxy座標系を、左手系といいます。

図1.3、図1.4、図1.5のあたりで述べたとおり、$\mathbb{R}^2$の中では右手系と左手系は別のものです。もう少し詳しくいうと、

次のとおりです。図19.2は、$\mathbb{R}^2$ の中に2つの図形が描かれています。それぞれ、矢印に名前がついています。この2つは、$\mathbb{R}^2$ の中では、形を変えないように動かすのなら、どう動かしても重ね合わせられないということです。

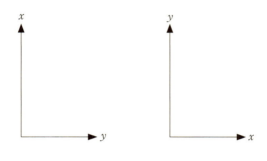

図19.2

これもご存じの方が多いと思いますが、図19.3の右側の x 軸、y 軸、z 軸の置き方によって決まる xyz 座標系を右手系といいます。左側の x 軸、y 軸、z 軸の置き方によって決まる xyz 座標系を、左手系といいます。

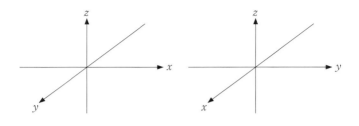

図19.3

　図1.10、図1.11で述べたとおり、$\mathbb{R}^3$の中では右手系と左手系は別のものです。もう少し詳しくいうと、こうです。図19.4は、$\mathbb{R}^3$の中に2つの図形が描かれています。それぞれ、矢印に名前がついています。この2つは、$\mathbb{R}^3$の中では、形を変えないように動かすのなら、どう動かしても重ね合わせられないということです。

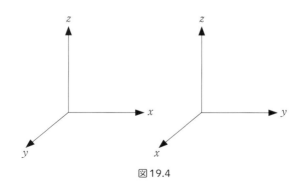

図19.4

20 次元を1つ上げれば、右手系、左手系は区別できない

さて、4次元の図形を見る例を示します。

今回も、1つ次元の低い例から始めます。

図1.3、図1.4、図1.5のあたりや、 19 で述べたとおり、$\mathbb{R}^2$の中では右手系と左手系は別のものです。

しかし、この$\mathbb{R}^2$を、xyz空間$\mathbb{R}^3$の中の$z=0$の平面だと思えば、その$\mathbb{R}^3$の中では右手系と左手系は同じものになります。もう少し詳しくいうと、こうです。

図19.2は、$\mathbb{R}^2$の中に2つの図形が描かれていましたが、この$\mathbb{R}^2$が上記のように$\mathbb{R}^3$の中にあったとします。すると、この2つの図形は、図20.1に描かれたようにして、片方から、もう一方へ持っていけます。

図形のこの移動を式で表すとこうなります。

最初、xの矢印は$\mathbb{R}^3$内のベクトル$(1, 0, 0)$、yの矢印は$\mathbb{R}^3$内のベクトル$(0, 1, 0)$とします。

最後、xの矢印は$\mathbb{R}^3$内のベクトル$(1, 0, 0)$、yの矢印は$\mathbb{R}^3$内のベクトル$(0, -1, 0)$とします。

途中の移動は、$0 \leq \theta \leq \pi$でθが動いていくにつれて、xの矢印は、ずっと$\mathbb{R}^3$内のベクトル$(1, 0, 0)$、yの矢印は、各θで、$\mathbb{R}^3$内のベクトル$(0, \cos\theta, \sin\theta)$とします。すると、これは図20.1の移動を表しています。

さて、4次元の話を紹介します。

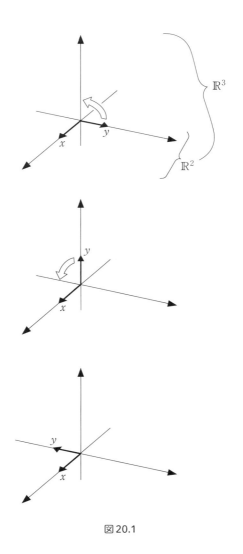

図 20.1

図1.10、図1.11のあたりや、 19 で述べたとおり、$\mathbb{R}^3$ の中では右手系と左手系は別のものです。

しかし、この $\mathbb{R}^3$ を、$xyzt$ 空間 $\mathbb{R}^4$ の中の $t=0$ という $\mathbb{R}^3$ だと思えば、その $\mathbb{R}^4$ の中では右手系と左手系は同じものになります。もう少し詳しくいうと、こうです。

図19.4は、$\mathbb{R}^3$ の中に2つの図形が描かれていたわけですが、この $\mathbb{R}^3$ が上記のように $\mathbb{R}^4$ の中にあったとします。すると、この2つの図形は、片方から、もう一方へ持っていけます。概念図を描いておきます。

まず、$xyzt$ 空間 $\mathbb{R}^4$ を、図3.9でしたのと同じように、図20.2のように描きます。

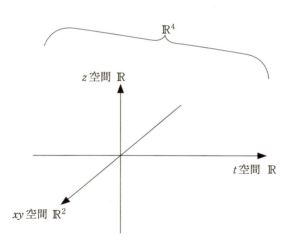

図20.2　$\mathbb{R}^4$ は、$\mathbb{R}^2$ が $\mathbb{R}^2$ 内のすべての方向に動いていった跡としてできる

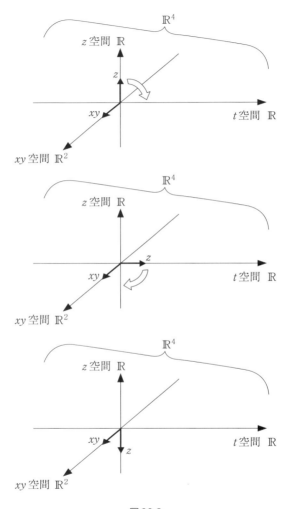

図 20.3

xの矢印とyの矢印は、xy空間にあるとします。zの矢印が、図20.3のように動けば、図19.4の２つの図形の片方をもう一方に重なり合うようにすることができます。

　図形のこの移動を式で表すとこうなります。
　最初xの矢印は$xyzt$空間$\mathbb{R}^4$内のベクトル$(1, 0, 0, 0)$、yの矢印は$xyzt$空間$\mathbb{R}^4$内のベクトル$(0, 1, 0, 0)$、zの矢印は$xyzt$空間$\mathbb{R}^4$内のベクトル$(0, 0, 1, 0)$だったとします。
　最後、xの矢印は$xyzt$空間$\mathbb{R}^4$内のベクトル$(1, 0, 0, 0)$、yの矢印は$xyzt$空間$\mathbb{R}^4$内のベクトル$(0, 1, 0, 0)$、zの矢印は$xyzt$空間$\mathbb{R}^4$内のベクトル$(0, 0, -1, 0)$だったとします。
　途中の移動は、$0 \leq \theta \leq \pi$でθが動いていくにつれて、xの矢印は、ずっと$xyzt$空間$\mathbb{R}^4$内のベクトル$(1, 0, 0, 0)$、yの矢印は、ずっと$xyzt$空間$\mathbb{R}^4$内のベクトル$(0, 1, 0, 0)$、zの矢印は、各θで、$xyzt$空間$\mathbb{R}^4$内のベクトル$(0, 0, \cos\theta, \sin\theta)$とします。すると、これは上述の移動を表しています。
　ただ、これは、式を描いたから４次元のこの移動を思いつくというよりは、直感で４次元空間$\mathbb{R}^4$内の移動がまず見えて、その後、それを式で描き下したという感じです。みなさんも、あまり式に頼らず、直感力を磨いてください。

雑記

オイラーの公式 $e^{i\theta}=\cos\theta+i\sin\theta$ を、高校数学で納得する一方法

本書では、大学で習う数学の最初の方も少し話しています。大学では高次元空間を習うというのは、数学や物理の好きな少年少女には興奮することでしょう。

さて、大学数学で驚くことといえば、ご存じの方も多いと思いますが、オイラーの公式

(1) $$e^{i\theta}=\cos\theta+i\sin\theta$$

というものもあります。オイラーは有名な数学者です。この式に関する研究をしたので名がついています。

高校の復習です。e の定義は、

$$\lim_{n\to\infty}\left(1+\frac{1}{n}\right)^n$$

です。これが収束することの証明は大学の範囲です。

式（1）は、θ は複素数でも正しいです。ですので、$i\theta$ が虚数のときも正しいです。つまり指数が虚数であるような冪乗というのが考えられるのです。

高校で、冪乗 a^b の指数 b が実数の場合は一応やりました。実は無理数の場合も一応高校でやっています。ただし、無理数の場合の定義がうまくいっていることの証明は、大学の範囲です。そこからさらに拡張して、大学では指数が虚数の場合もやるのです。

Part 7 次元を1つ上げる

ところで、式（1）で$\theta=\pi$とすると、

(2) $$e^{i\pi} = -1$$

となります。

π（円周率）は小学校で、-1は中学校で、i, eは高校で習います。各数とも、最初習ったときに、不思議に思った人もいることでしょう。式（2）では、それらが勢揃いです。

すでに中学や高校で、式（1）、式（2）を見ていたという人も多いでしょう。

式（1）、式（2）を初めて見たら驚く人が多いようです。みなさんも初見時は驚きましたか。

この雑記では、この公式を高校数学で納得できる一方法を紹介します。

次の積分式（3）と式（4）は高校で習います。

(3) $$\int \frac{dx}{\sqrt{1-x^2}} = -\theta + C$$

ただし、$x=\cos\theta$、$0<\theta<\frac{\pi}{2}$、Cは積分定数。

$x>1$で、

(4) $$\int \frac{dx}{\sqrt{x^2-1}} = \log\left(x+\sqrt{x^2-1}\right) + B$$

ただし、B は積分定数。この $\log$ の底は e。

この2つの積分は、左辺が非常に似ているのに、右辺はかなり見た目が違っていて、妙に気になっていた人もいることでしょう。

しばらく、この2つの積分にはどのような関係があるかを見ていきましょう。そうすると、その関係がオイラーの公式と、実は繋がりがあることがわかります。

その前に高校の復習を少しします。式（3）は、$x=\cos\theta$ と置いて置換積分すると出ます。式（4）は、$x=\dfrac{1}{\sin 2\tau}$ と置いて置換積分すると出ます。式変形の途中で三角関数の倍角公式を使います。式（4）は、やや天下りですが $u=x+\sqrt{x^2-1}$ と置いて置換積分しても出ます。

さて、式（3）で、$1-x^2>0$ なので、

$$\sqrt{1-x^2} = -i\sqrt{x^2-1}$$

です。右辺にマイナスがつくことに注意してください。$\sqrt{1}=-i\sqrt{-1}$ は正しいが、$\sqrt{1}=i\sqrt{-1}$ は偽であるのと同じ理屈です（注意：i は定義より $\sqrt{-1}$。よって $\sqrt{-1}=i$ かつ

$\sqrt{-1} \neq -i$）。

この雑記は、一応納得することを目標としていて、かなり大雑把なので、細かいことを気にせず、気持ち重視で読んでください。特に、ここからは。

以上のことより、

$$\frac{1}{\sqrt{1-x^2}} = \frac{1}{-i\sqrt{x^2-1}}$$

です。(3) より、

$$-\theta + C = \int \frac{dx}{-i\sqrt{x^2-1}} = \frac{1}{-i} \int \frac{dx}{\sqrt{x^2-1}}$$

$$i\theta + C = \int \frac{dx}{\sqrt{x^2-1}}$$

です。定数 C は、$-iC$ を改めて C ととり直しました。

式 (4) が、$-1 < x < 1$ でも、そのまま成り立つとすると、(4) と、ここの直前の式より、

$$i\theta = \log\left(x + \sqrt{x^2-1}\right) + A$$

ただし、A はなにか定数となります。

ところで、$x = \cos\theta$, $0 < \theta < \frac{\pi}{2}$ だったので、

$\sin\theta > 0$

$$x^2 - 1 < 0$$

$$\sqrt{x^2 - 1} = i\sin\theta$$

です。よって、

$$i\theta = \log(\cos\theta + i\sin\theta) + A$$

です。ここで、$\theta=0$ を代入すると、

$$0 = \log 1 + A$$

よって、$A=0$ です。よって、

(5) $$i\theta = \log(\cos\theta + i\sin\theta)$$

です。
a を1以外の正の数、b と c を正の数として、logの定義より、

$$\log_a b = c \Leftrightarrow a^c = b$$

です。
これが、a, b, c の中に虚数があっても成り立つならば、式 (5) より、

$$e^{i\theta} = \cos\theta + i\sin\theta$$

と思ってもよさそうです。

高校で習う式(3)、式(4)を用いて、オイラーの公式が一応納得できる方法を示しました。

あるいは、人によっては、こういう思い方もあります。式(3)、式(4)は左辺が非常に似ているのに右辺が一見かなり違う。それは、オイラーの公式を認めると右辺同士の繋がりが納得できるんだ。

まあ、とりあえず、式(3)、式(4)は正しいというのは、高校で一応示されていますので、それを少し拡張しようとして試みたら、オイラーの公式が一応納得できるわけです。

ところで、式(4)は、$|x|>1$ つまり $x<-1$ に拡張できて、

(6) $$\int \frac{dx}{\sqrt{x^2-1}} = \log\left|x+\sqrt{x^2-1}\right| + B$$

ただし、B は、積分定数。

というのは、高校でも習います。

この式を見て、さきほど、式(4)を $|x|<1$ に拡張したところも、右辺の定数を除いたところを

$$\log\left|x+\sqrt{x^2-1}\right|$$

にすべきじゃないかと思う読者の方がいるかもしれませ

ん。そこについてコメントします。

$|x|<1$ なら、$\sqrt{x^2-1}$ は、$i\sqrt{1-x^2}$ という純虚数になります。

となると、絶対値 $\left|x+\sqrt{x^2-1}\right|$ は、この場合は、

$x^2+\left(\sqrt{1-x^2}\right)^2=1$ と解釈すべきでしょう。

すると $\log\left|x+\sqrt{x^2-1}\right|=0$ となります。すると、$i\theta=0$ となってしまいます。θ は、いろいろな値を動くので、これでは、うまく拡張できません。

ということで、$\log\left|x+\sqrt{x^2-1}\right|$ と拡張すべきという案は棄却せざるを得ません。

さらに、では、式（6）の絶対値はどういうことだったのでしょう？　と思う人もいるでしょう。それについてもコメントします。これは、まあ、次のように解釈しておきましょう。

$x<-1$ では、$x+\sqrt{x^2-1}<0$ でした。
また、P、Q が正の数ならば、$\log PQ=\log P+\log Q$ でした。

$$\log\left|x+\sqrt{x^2-1}\right|=\log\left(-\left(x+\sqrt{x^2-1}\right)\right)=\log\left((-1)\left(x+\sqrt{x^2-1}\right)\right)$$

$\log PQ=\log P+\log Q$ が、P, Q のうち 1 個か 2 個が負でも

Part 7 次元を1つ上げる

成り立つと思うと、

$$\log\left((-1)\left(x+\sqrt{x^2-1}\right)\right) = \log\left(x+\sqrt{x^2-1}\right) + \log(-1)$$

$\log(-1)$ が意味があるとしたら、結局、$x<-1$ でも

$$\int \frac{dx}{\sqrt{x^2-1}} = \log\left(x+\sqrt{x^2-1}\right) + D$$

D は、定数 $B + \log(-1)$

と思うことができます。なので $x>1$ での式（4）を、そのままの式の形で $x<1$ に拡張しても、なんとかうまくいきそうです。

式（4）の x の範囲を拡張するところは、複素平面を一般化したリーマン面というのを使って正当化されます。

ごく大雑把にいいますと、リーマン面というのは複素平面何枚かを貼っていってできるもので、形が平面 $\mathbb{R}^2$ でないものもあります。

前述のように $e^{i\theta} = \cos\theta + i\sin\theta$ は正しいようですので、使いましょう。そして、$\theta = \pi + 2n\pi$（n は自然数でなんでもよい）とすると、

$e^{i\theta} = -1$

です。

log(−1)は、$\pi + 2n\pi$（nは自然数でなんでもよい）と解釈することになりそうです。

　ここで、log(−1)がひとつに決まらないのは奇妙に思うかもしれませんが、これも上述の、複素平面を一般化したリーマン面というのを使って正当化されます。

　ここに書いたオイラーの公式の説明は最初にいったとおり、気分的納得重視の大雑把な説明ではあります。しかしながら、こういう気分的納得は、証明をしたり、新発見をしたりするために、時として大事なものです。
　というのも、実際に新発見をするときや、ものごとを理解するときには、このように見当をつけて、後できちんとした証明をつけるなり、するからです。

　拙著［46］では、オイラーの公式、式（1）を積分を使わないで、高校レベルの微分を使って納得する、別の方法を書きました。よろしければ、そちらもご覧ください。

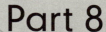

Part 8

高次元空間で操作する

**高次元空間の中の図形を
局所の操作だけで変形するようすを
観照する**

高次元の図形の例をさらに紹介します。今度は高次元空間の中の図形の、一部分を変形する操作というものをお見せします。

1次元結び目および高次元結び目に行う、局所操作というものについて話します。

21　1次元結び目に施す局所操作：交叉入れ替え

まず、$\mathbb{R}^3$ の中の話から始めましょう。

図21.1を見てください。

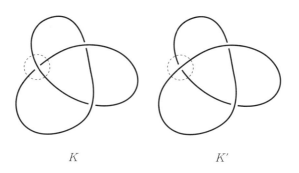

図21.1　KはK'から点線の丸の中の「操作」1回で得られる

Kは三葉結び目、K'は自明結び目です。KはK'から点線の丸の中の「操作」1回で得られます。

2つの1次元結び目KとK'があったときに、3次元球体B^3の中だけで図21.2のように、違っていたとします。B^3の外では同じ形とします。

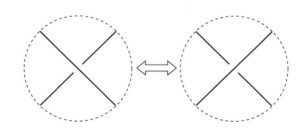

図21.2　1次元結び目の交叉入れ替え

このときKはK'から、**交叉入れ替え1回で得られた**といいます。

$K_1, \cdots, K_\mu$を1次元結び目とします。K_νは、$K_{\nu-1}$から交叉入れ替え1回で得られるとしましょう（$2 \leq \nu \leq \mu$）。このとき、我々はK_μはK_1から、**交叉入れ替え有限回で得られた**といいます。

どんな非自明な1次元結び目も、交叉入れ替えを有限回すれば自明な1次元結び目になります。証明は簡単です。読者のみなさん、各自試みてください。

ここで、次のことに注意してください。 14 で$\mathbb{R}^3$の中で結ばれている結び目を4次元を使ってほどきました。そのときは、結び目はずっと自分自身に接触しないし、切れたりもしません。しかし、今やっている交叉入れ替えという操作は、$\mathbb{R}^3$の中だけで行いますので、「結び目が自分自身に接触してすり抜けた」か「結び目を1回切ってまた繋ぎなおした」かしないとできません。

そのようにして、結び目の一部を改変して、別の結び目を作る操作なのです。そして、そういう操作が結び目を研究する上で大事なものなのです。

図21.2にあるような、結び目を**局所操作**で変形することを考えるのは、非常に自然です。たとえば、交叉入れ替えを最低何回すればほどけるか、など自然な問いです（さらに 23 で、局所操作が重要かつ研究すべきものである理由を、いくつか述べます）。

高次元結び目にも、このような局所操作を考えることができるでしょうか？

ここで高次元結び目というのは、nが2以上のn次元結び目の意味で使っています。

この疑問に答えるのが、次の節のテーマです。

22　2次元結び目に施す局所操作

4次元の中の図形の一部を変える例を話します。

2次元結び目に行う局所操作があるということを紹介します。図22.1をご覧ください。三葉結び目のスパン結び目を作ろうとしています。

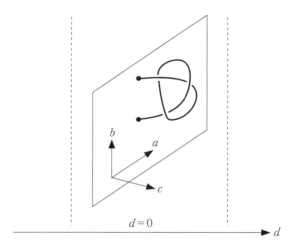

図22.1　三葉結び目からスパン結び目を作る

図22.1のように、三葉結び目を、abc空間$\mathbb{R}^3$の中の$c \geqq 0$の部分にとります。

$abcd$空間$\mathbb{R}^4$をとります。上記の$\mathbb{R}^3$を、この$\mathbb{R}^4$の$d=0$の

部分と見なします。

このとき、この$\mathbb{R}^4$を「$\mathbb{R}^3$の中の$c \geq 0$の部分F」を「ab平面$\mathbb{R}^2$」のまわりに回したものと見なすことができました。 **16** を思い出してください。

ここで、Fを回すときに、Fの中にある三葉結び目も一緒に回してでき上がったものが、三葉結び目のスパン結び目でした。このスパン結び目は2次元結び目です。$abcd$空間$\mathbb{R}^4$の中にあります。

さて、次に図22.2を見てください。上の図は、三葉結び目が、図22.1と同じように置いてあります。下の方に書いてある点線の立方体が、上の図にあるのに注目してください。

次に図22.3をご覧ください。点線の箱（立方体）の中で、すこし「入れ替え」をしたことに注意してください。

さて、その結果できた結び目は1次元自明結び目です。図22.4をご覧ください。図22.3と同じように1次元自明結び目が置かれています。それからスパン結び目を作りましょう。2次元自明結び目ができます。

さて、ここまでで、何をしたのでしょうか？
三葉結び目のスパン結び目という非自明な2次元結び目を、その一部を変えて、自明な2次元結び目にしました。
この操作を、詳しく見ていきます。
つまり、$U=$「図22.5の上の方の図の2線分を$\mathbb{R}^4$内で、ab

Part 8 高次元空間で操作する

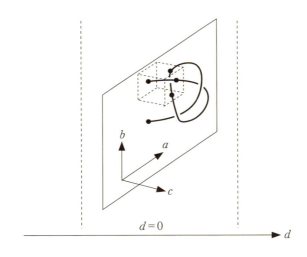

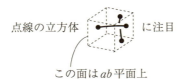

図22.2 下の方に書いてある点線の立方体に注目

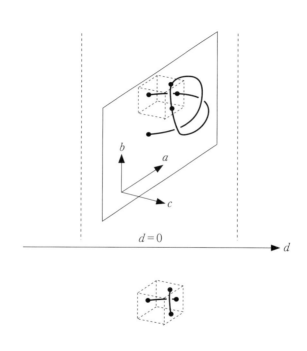

図22.3　下の方に書いてある点線の立方体に注目

Part 8 高次元空間で操作する

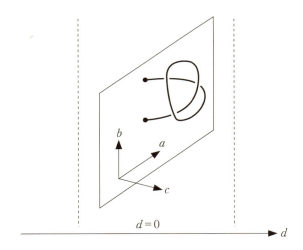

図22.4 この結び目(実は自明な結び目)のスパン結び目を作る

平面$\mathbb{R}^2$のまわりに回してできる図形」を$V=$「図22.5の下の方の図の2線分を$\mathbb{R}^4$内で、ab平面$\mathbb{R}^2$のまわりに回してできる図形」に取り替えたら、三葉結び目のスパン結び目が自明な2次元結び目になったということです。

さて、図22.5は、d軸に垂直な切り口を描きましたが、ここで、この図形のa軸に垂直な切り口をいくつか描いてみましょう。前に、図16.6〜16.11の辺りでやった議論を思い出してください。

Uは$U'=$「図22.6の上の図形を各aのbcd空間内でb軸のまわりに回したもの」になります。

Vは$V'=$「図22.6の下の図形を各aのbcd空間内でb軸のまわりに回したもの」になります。

$U(=U')$は、図22.7の上の図形のようになります。
$V(=V')$は、図22.7の下の図形のようになります。
図22.7の、上の図形を下の図形に変える局所操作もしくは下の図形を上の図形に変える局所操作を、**リボン操作**と呼びます。

すべての1次元結び目は、図22.8に描いたような交叉入れ替えを有限回施したら、自明な1次元結び目にできるということを **21** で述べました。

Part 8 高次元空間で操作する

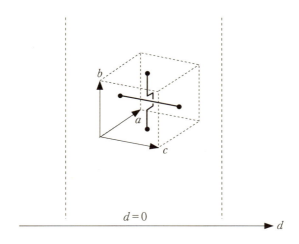

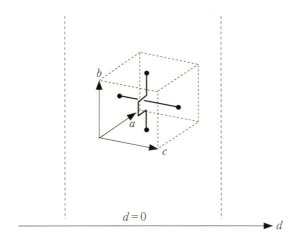

図 22.5

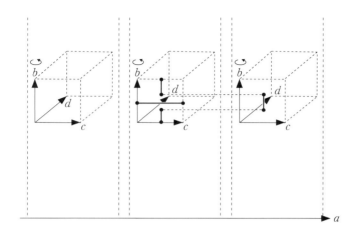

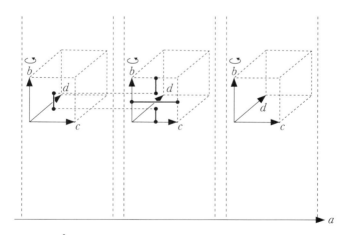

図 22.6 ┼ と ╎ は上描の各立方体の中で、$d=0$ の bc 平面上にあることに注意

Part 8 高次元空間で操作する

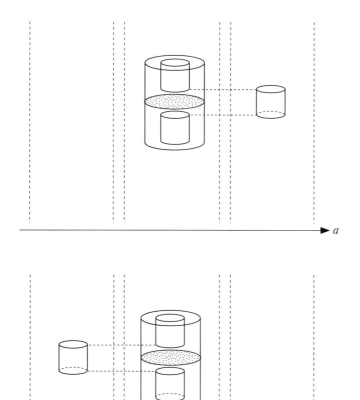

図 22.7

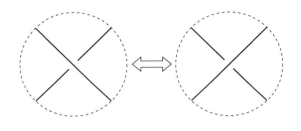

図22.8

　では、自然と次の疑問が湧いてくることでしょう。すべての非自明な2次元結び目を、リボン操作を有限回、うまく施して、自明な2次元結び目に変えることはできるでしょうか？

　著者は、答えがNOだということを発見して拙著［32］に書きました。すなわち、リボン操作を何回しても自明な2次元結び目にならない、非自明な2次元結び目があるということです。それは無限個あることも示しました。例を1つ挙げると、三葉結び目の5－ツイストスパン結び目です。

　1次元結び目で、交叉入れ替え1回では自明な結び目にならないが、2回では自明な結び目になるものは昔から知られています。

　では、自然と次の疑問が湧いてくることでしょう。非自明な2次元結び目であって、リボン操作1回では自明な2次元結び目にはならないが、2回のリボン操作では自明な2次元結び目になるものがあるか？

Part 8 高次元空間で操作する

　私は、このような2次元結び目を発見して、拙著［38］に書きました。

「2つの2次元結び目を勝手に持ってきたとき、これらがリボン操作で移り合うか？　移り合う必要十分条件をいえ」という問題は、未解決です。興味のある人は考えてみてください。参考文献［15, 16, 17, 24, 32, 34, 35, 37, 38, 40］を参照してください。

23　n次元結び目に施す局所操作（nは3以上の自然数）

　高次元の中の図形を一部を変えるという話をします。
　nは3以上の自然数とします。n次元結び目に施す局所操作というものを見ていきましょう。かなり難しくなってきたので、結構気持ち重視の絵や説明になりますが、雰囲気を感じ取ってください。参考文献は挙げてありますので、本書を読み終えた後にチャレンジしてみてください。

　$n=1,2$ の場合、すなわち、1次元結び目、2次元結び目の場合には、結び目の一部分（局所）を変えて（動かして）、別の結び目にすることができました。これまでにいくつか紹介しました。

　1次元結び目の交叉入れ替えは、図23.1のようにも描けます。

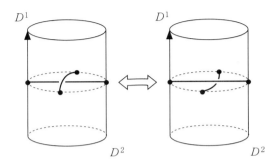

図 23.1

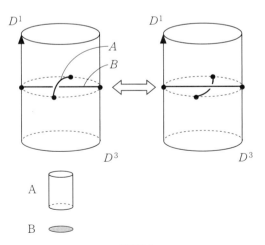

図 23.2

$n=2$ の場合は、図22.7を思い出してください。図22.7を大雑把に図23.2のように描けます。$\mathbb{R}^4$の一部にD^3がD^1に走ってできる図形があり、それと2次元結び目の交わりがAとBです。そして、AとBの"上下"を入れ替えました。

1次元結び目の交叉入れ替えは図23.1のようにも描けるわけですから、そこから類推してみてください。

n次元結び目の場合は、たとえば、このような局所操作があります（nは2以上の整数）。

n次元結び目は、$(n+2)$次元空間の中にありました。$(n+2)$次元空間の中にD^{n+1}がD^1の向きに走ってできた図形をとります。図23.3を見てください。

PとQを、$D^1 \times S^{n-1}$と$S^0 \times D^n$というものにします。

$D^1 \times S^{n-1}$というのはD^1とS^{n-1}の積多様体というものです。

同様に、$S^0 \times D^n$というのはS^0とD^nの積多様体というものです。

本書では、n次元の図形で、n次元結び目の一部分に含まれているものだという理解でよいので、先に進んでください。

そして、図23.3のPとQを、D^1の向きで、「上下」を入れ替えます。

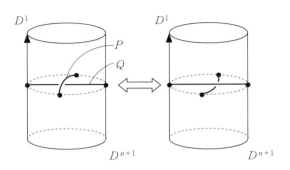

図23.3

ほかにもPとQのとり方は何通りかあって、PとQを

$D^2 \times S^{n-2}$と$S^1 \times D^{n-1}$というものにします。
……
$D^p \times S^{n-p}$と$S^{p-1} \times D^{n+1-p}$というものにします。
……
$D^n \times S^0$と$S^{n-1} \times D^1$というものにします。
ただし、S、Dの右肩の文字は非負整数とします。

*, # を非負整数ならなんでもよいとします。$S^* \times D^\#$というのはS^*と$D^\#$の積多様体というものです。

この局所操作を$(p, n+1-p)$-pass-moveと呼びます。pは、$D^p \times S^{n-p}$のpです。$p=1$なら、$(1, n)$-pass-moveといいます。

著者は次のことを示しました（[32]）。2つの2次元結び目がリボン操作有限回で移り合うことと、(1.2)-pass-move 有限回で移り合うことは同値。

参考文献の［15, 16, 17, 24, 32, 34, 35, 37, 38, 40］を参照してください。

著者は、$n=2a+1$, $p=a+1$（aは1以上の整数）の場合に、$(a+1,a+1)$-pass-move の有限回の操作で自明結び目になるような結び目を特徴付けました。結び目の補空間のホモトピー群と基本群とaが偶数のときはアーフ不変量（aが奇数のときは符号数）というものによって特徴付けられます。参考文献［37］の Definition 5.2 の上を見てください（アーフは数学者の名前です）。

また、$n=2a+1$, $p=a+1$（aは1以上の整数）の場合に、結び目がシンプルという性質を持つものを2個なんでもよいからとってきたときに、それら2個が$(a+1,a+1)$-pass-move の有限回の操作で移り合うための必要十分条件を見つけました。こちらは参考文献［24］を参照してください。

1次元結び目の場合の図22.8に、ある規則で付随してアレクサンダー多項式というものの

$$A_{K_+}(t) - A_{K_-}(t) = (t-1) \cdot A_{K_0}(t)$$

という公式が知られています。詳細は［12］をご覧ください。

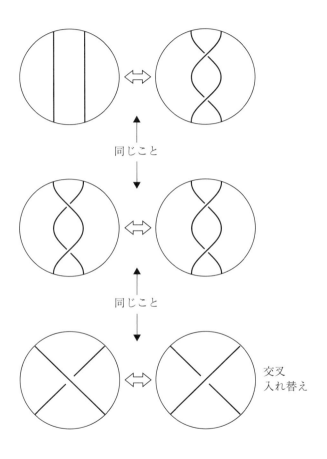

図 23.4

Part 8 高次元空間で操作する

　著者は、n次元結び目の$(p, n+1-p)$-pass-move（nは2以上の整数。pは整数で、$1 \leq p \leq n, 2p \neq n+1$）に、アレクサンダー多項式というものの

$$A_{K_+}(t) - A_{K_-}(t) = (t-1) \cdot A_{K_0}(t)$$

という公式が、ある規則で付随していることを発見しました（アレクサンダーは数学者の名前です）。この場合は高次元でも1次元と同じ形の公式になりました。これは参考文献［35］を参照してください。リボン操作についても同じことを示しました。

　さて、高次元結び目に施す局所操作を、もうひとつ紹介します。
　図23.4の一番上の局所操作は、1次元結び目の交叉入れ替えと同じことだというのは容易にわかると思います。
　これは、$\mathbb{R}^3$の中にB^3をとり、結び目とB^3の交わりの部分を1回捻ったと思うことができます。

　$(2a+1)$次元結び目（aは1以上の整数）を用意します。これは$\mathbb{R}^{2a+3}$の中にありました。
　$\mathbb{R}^{2a+3}$の中にD^{2a+3}をとります。
　$(2a+1)$次元結び目と、D^{2a+3}の交叉が$D^{a+1} \times S^a$というものであるようにとります。そして、$D^{a+1} \times S^a$を1回「捻り」ます。この捻るというのは、これに付随したザイフェルト行列の対応する成分が1変わるように捻る、という厳密な方法で行います。きちんとした定義はここではしませんが、参考文

献［35］を参照してください。この局所操作をtwist-moveといいます。

　著者は、4k+1次元結び目のtwist-move（kは1以上の整数）に、アレクサンダー多項式というものの

　　$A_{K_+}(t) - A_{K_-}(t) = (t - 1) \cdot A_{K_0}(t)$

という公式が、ある規則で付随していることを発見しました。この場合は高次元でも前述の1次元と同じ形の公式になりました。参考文献［35］を参照してください。

　さらに、著者とカウフマン（Kauffman）は、4k+3次元結び目の twist-move（kは0以上の整数）に、アレクサンダー多項式というものの

　　$A_{K_+}(t) - A_{K_-}(t) = (t + 1) \cdot A_{K_0}(t)$

という公式が、ある規則で付随していることを発見しました。この場合は前述の1次元の場合の公式と違う形の新型公式になりました。これについては、参考文献［15］を参照してください。

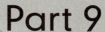

Part 9

3次元だけでも
高次元が必要

3次元空間$\mathbb{R}^3$の中だけ考えていても
高次元の、しかも、
複雑な図形が出現する

24 高次元の図形いろいろ

図3.12の後で、高次元の図形というのは、$\mathbb{R}^n$以外にもいろいろ複雑なものがあると予告しました。ここで、すこし、その話をします。図24.1を見てください。球面を書きました。

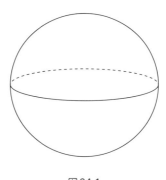

図24.1

球面は2次元球体D^2 2個を貼り合わせてできます。図24.2のような感じです。

図24.3の図形は、球という2次元の図形に、線分という1次元の図形を2点で貼ったものです。これも2次元の図形ということがあります。

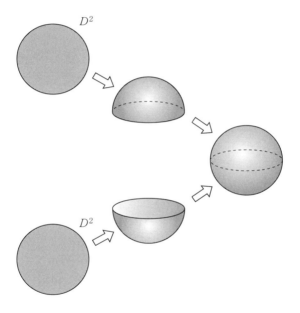

図 24.2

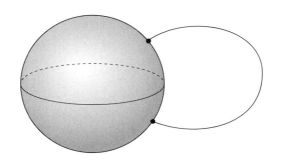

図 24.3

　このように、a 次元球体 D^a、b 次元球体 D^b、c 次元球体 D^c、……と貼っていってできる図形も考えられます。

　CW 複体（CW complex）という図形があるのですが、それは、このようにして、a 次元球体 D^a、b 次元球体 D^b、c 次元球体 D^c、……と貼っていってできる図形です。ただし、貼り方には、あるルールがあります。$a, b, c,\cdots$ のいちばん大きいものを、その CW 複体の次元といいます。

　n 次元空間 $\mathbb{R}^n$ 以外にも、こういう n 次元の図形もあります。

Part 9　3次元だけでも高次元が必要

25　3次元を調べるために高次元が必要になる数学の例：3次元空間$\mathbb{R}^3$の中の各結び目に対応するコバノフ（・リプシッツ・サーカー）・ステイブル・ホモトピー・タイプという高次元の図形

世の中には、自分は数学や科学全般に興味はあるが、日常のこの世界、3次元空間$\mathbb{R}^3$だけ考えていれば十分だと思う人もいるかもしれません。しかし、実は、3次元空間だけ考えていても、そのために高次元が必要になる場合があるのです。その具体例を紹介します。

これまた、ごく大雑把に極論しますが、なんと「高次元は考えないで$\mathbb{R}^3$の中の結び目を調べるだけにしよう」と思っても、$\mathbb{R}^3$の中の結び目を調べるのに高次元が必要になるのです。3次元空間の中だけ研究していればそれでいいと思っても、高次元の複雑な図形が必要なのです（高次元は、グラフなどの簡単な図形だけをどうしても不可避なときに必要最小限に使用するだけでよいと思っていても、高次元の複雑な図形が必要になる、という意味です）。

すなわち、高次元というのは、審美的理由から研究すべきだというだけでなく、3次元だけを調べるためにも研究することが必須なのです。

13 の復習から始めましょう。図25.1のように人がひもを結んで持っていたとします（図0.1、図13.1と同じ図です）。

ひもを持っている手を絶対離さず、摑んでいる位置から手

図 25.1

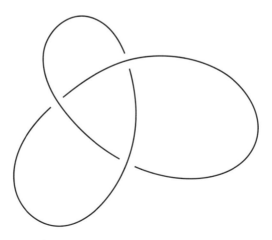

図 25.2　三葉結び目

を動かさないとしたら、ほどけないことが知られているという話をしました。これは図25.2の三葉結び目がほどけないという話でした。

では実際、どのように、ほどけないことを証明するのでしょう。

もっと複雑な結び目もあります。さらにその場合も、ほどけないと証明するにはどうすればよいでしょう。

最新の強力な方法のひとつは、なんと高次元を使う方法なのです。

たとえば、こうします。各結び目に、コバノフ（・リプシッツ・サーカー）・ステイブル・ホモトピー・タイプという一種の図形を対応させる方法があります（コバノフ、リプシッツ、サーカーは数学者の名前）。どういう図形を対応させるかという厳密なルールは、もちろんあって、それに従って対応させます。そして、その図形は多くの結び目に対しては高次元の複雑な図形になります。$\mathbb{R}^n$ではない、複雑なn次元のCW複体になります。

その2つの図形が異なるものであるかどうかを調べます。それらの図形が、違うということを調べるには、オイラー数、ホモロジー群、スティーンロッド・スクエアー・オペレーター、というものなどを使います（オイラー、スティーンロッドは数学者の名前）。

今は、三葉結び目に対応する図形と、自明な結び目に対応するコバノフ（・リプシッツ・サーカー）・ステイブル・ホモトピー・タイプという図形が、（ステイブル・ホモト

ピー・タイプが違うという意味で）違うとわかります。だから、これらの2つの結び目は違う、とわかるのです。

　厳密な説明は大学レベル以上ですので、省略しますが、ここで注目していただきたいのは、次のことです。我々は3次元の中の図形を調べていたのに、その考察のために、高次元の図形を用いる、ということです。

　さて問題です。
　2つの結び目を勝手にとってきます。この片方を自己接触なく滑らかに動かしていって、もう一方に持っていくことができるでしょうか？

　三葉結び目と自明な結び目については、前述の通り、答えは知られています。

　しかし、勝手に2つ、なんでもいいから結び目を持ってきたときに、さあ、この2つは片方を自己接触なく、滑らかに動かしていって、もう一方に持っていくことができるでしょうか？　と聞かれると、それを具体的に調べて判定する方法は現在（2019年9月）知られていません。

　ですので、強力な判定能力を持つ調べ方を、いろいろ探しているわけです。そのように探していると、上述のように、3次元の中の図形だけを調べているのに、議論の中に高次元の図形が自然と出てくるのです。
　このように、高次元の図形というのは3次元だけを調べるという立場であっても必然的に出現するものなのです。

自己接触のない滑らかな変形で移り合わないことの証明法は、いろいろ知られています（ただし、上述の通り、今知られているものはどれも判定能力は万能ではありません）。これらの、たくさんの方法の中でもこのコバノフ（・リプシッツ・サーカー）・ステイブル・ホモトピー・タイプは、結構最近発見されたもので、結び目が違うことを判定する能力もかなり強力なものです。
　上述の問題が未解決ですので、こうやっていろいろな方法が、日夜開発されているのです。

　また、コバノフ（・リプシッツ・サーカー）・ステイブル・ホモトピー・タイプは超弦理論や場の量子論など物理の最前線とも非常に関係が深く、非常にエキサイティングなものです。古典的代数的位相幾何とも関係があります。さらに、コバノフ（・リプシッツ・サーカー）・ステイブル・ホモトピー・タイプは、いろいろと、さらに強力化できそうでもあり、現在（2019年9月）、もっとも深く意義のあるテーマのひとつです。参考文献 [21] で発見されました。その背景や、その後の発展は参考文献 [1, 9, 10, 19, 22, 23, 50] を参照してください。

　こうやって、3次元だけを調べようとしても、深いことを考え出すと、高次元の図形が出てくるわけです。
　高次元というのは、そういう意味で、必然的に大事なものなのです。

著者は現在（2019年9月）、共著［15,16,17,18］をすでに書いたことのあるカウフマンとコバノフ（・リプシッツ・サーカー）・ステイブル・ホモトピー・タイプについて、どうやら新しいことが見つかりそうで、研究を進めています。乞うご期待。

［付記］その後、その研究、まずは一本、論文を書きました。下記のものです。
第3刷の出た後、第4刷の出る前、2020年1月21日に
　https://arxiv.org/abs/2001.07789
に提出しました。

Steenrod square for virtual links toward Khovanov-Lipshitz-Sarkar stable homotopy type for virtual links

Louis H. Kauffman and Eiji Ogasa

参考文献について

　本文中で引用した文献は以下に挙げてあります。本文中で引用していないものもいくつか挙げてあります。本書に書いてあるようなことを、将来、みなさんが本格的に調べたい、勉強したい、研究したいと思ったときに、正確を期すために原論文を中心に選んでいます。なので、[44, 45, 46] を除いて英語文献です。ですが、将来、挑戦してみてください。今すぐ読む必要はありません。その際は、専門用語で検索すれば日本語の易しめの本も見つかりますので、それらも補助にしてください。

　手前味噌で恐縮ですが、[44, 45] では、本書とは別の、高次元の図形の例を初心者向けに書きました。[46] は、特殊相対性理論の入門書です。 10 で触れた、時間のずれがこの自然界でほんとうに起こるというのが特殊相対性理論で、どのように説明、計算されるのかを、初心者でもわかるように基本から詳しく書いています。

参考文献

[1] D. Bar-Natan: On Khovanov's categorification of the Jones polynomial Algebraic *Geometry & Topology* Vol. 2 (2002) 337-370.

[2] W. Boy: Über die Curvatura integra und die Topologie geschlossener Flächen, *Math. Ann.* Vol. 57 (1903) 151-184.

[3] T. D. Cochran and K. E. Orr: Not all links are concordant to boundary links *Ann. of Math.*, 138, 519-554, 1993.

[4] T. D. Cochran, K. E. Orr and P. Teichner: Knot Concordance, Whitney towers and L^2-Signatures *Ann. of Math.* Second Series, Vol. 157, (2003), 433-519.

[5] M. Sh. Farber: The classification of simple knots. (Russian) *Uspekhi Mat. Nauk Vol.38*, Issue 5 (233), 59-106, 1983.

[6] M. S. Farber: An Algebraic Classification of Some Even-Dimensional Spherical Knots. I *Trans. Amer. Math. Soc.* Vol. 281 (1984) 507-527.

[7] M. S. Farber: An Algebraic Classification of Some Even-Dimensional Spherical Knots. II *Trans. Amer. Math. Soc.* Vol. 281 (1984) 529-570.

[8] A. Haefliger: Knotted(4k-1)-Spheres in 6k-Space *Ann. of Math.* 75(1962) 452-466.

[9] V. F. R. Jones: A polynomial invariant for knots via von Neumann algebras *Bull. Amer. Math. Soc.* (N.S.). Vol. 12 (1985) 103-111.

[10] V. F. R. Jones: Hecke algebra representations of braid groups and link polynomials *Ann. of Math.* Second Series, 126 (1987) 335-388.

[11] L. H. Kauffman: Products of knots, *Bull. Amer. Math. Soc. Vol 80*, No 6, November 1104-1107 1974.

[12] L. H. Kauffman: On Knots Ann. of Math. Stud. , vol. 115, 1987

[13] L. H. Kauffman: Knots and Physics, Second Edition World Scientific Publishing 1994.

[14] L. H. Kauffman and W. D. Neumann: Products of knots, branched fibrations and sums of singularities, *Topology, vol 16*, No 4, 369-393, 1977.

[15] L. H. Kauffman and E. Ogasa: Local moves on knots and products of

knots, *Knots in Poland III-Part III Banach Center Publications* Vol. 103 (2014), 159-209 Institute of Mathematics arXiv:1210.4667[math.GT]

[16] L. H. Kauffman and E. Ogasa: Local moves on knots and products of knots II, arXiv:1406.5573[math.GT]

[17] L. H. Kauffman and E. Ogasa: Brieskorn submanifolds, Local moves on knots, and knot products, *Journal of Knot Theory and Its Ramifications*, (2019) arXiv:1504.01229

[18] L. H. Kauffman, E. Ogasa, and J. Schneider: A spinning construction for virtual 1-knots and 2-knots, and the fiberwise and welded equivalence of virtual 1-knots, arXiv:1808.03023

[19] M. Khovanov: A categorification of the Jones polynomial *Duke Math.* Vol. 101 (2000) 359-426.

[20] J. Levine and K. Orr: A survey of applications of surgery to knot and link theory. *Surveys on surgery theory: surveys presented in honor of C.T.C. Wall Vol. 1*, 345-364, *Ann. of Math. Stud.*, 145, Princeton Univ. Press, 2000.

[21] R. Lipshitz and S. Sarkar: A Khovanov stable homotopy type *J. Amer. Math. Soc.* 27 (2014) 983-1042, arXiv: 1112.3932. *J. Amer. Math. Soc.* 27 (2014).

[22] R. Lipshitz and S. Sarkar: A Steenrod square on Khovanov Homology, arXiv:1204.5776. *J. Topol.* 7 (2014).

[23] R.Lipshitz and S.Sarkar: A refinement of Rasmussen's s-invariant, Duke Math. J. 163 (2014), 923-952

[24] E. Ogasa: Intersectional pairs of n-knots, local moves of n-knots, and their associated invariants of n-knots, *Mathematical Research Letters*, 1998, vol5, 577-582, Univ. of Tokyo preprint UTMS 95-50.

[25] E. Ogasa: The intersection of three spheres in a sphere and a new application of the Sato-Levine invariant, *Proceedings of the American Mathematical Society* 126, 1998, 3109-3116. UTMS95-54.

[26] E. Ogasa: Some properties of ordinary sense slice 1-links: Some answers to the problem (26) of Fox, *Proceedings of the American Mathematical Society* 126, 1998, 2175-2182. UTMS96-11.

[27] E. Ogasa: Link cobordism and the intersection of slice discs, *Bulletin of the London Mathematical Society*, 31, (1999), 1-8.

[28] E. Ogasa: Singularities of the projections of n-dimensional knots, *Mathematical Proceedings of the Cambridge Philosophical Society* Vol. 126, (1999), 511-519. UTMS96-39

[29] E. Ogasa: The projections of n-knots which are not the projection of any unknotted knot, *Journal of knot theory and its ramifications*, Vol. 10 (2001), no. 1, 121-132. UTMS 97-34, math.GT/0003088.

[30] E. Ogasa: Nonribbon 2-links all of whose components are trivial knots and some of whose band-sums are nonribbon knots, *Journal of knot theory and its ramifications*, 10 (2001), no. 6, 913-922.

[31] E. Ogasa: The intersection of spheres in a sphere and a new geometric meaning of the Arf invariant, *Journal of Knot Theory and its ramifications*, 11 (2002) 1211-1231, Univ. of Tokyo Preprint Series, UTMS 95-7, math.GT/0003089 in http://xxx.lanl.gov.

[32] E. Ogasa: Ribbon-moves of 2-links preserve the μ-invariant of 2-links, *Journal of knot theory and its ramifications*, 13 (2004), no. 5, 669-687. UTMS 97-35, math.GT/0004008.

[33] E. Ogasa: Supersymmetry, homology with twisted coefficients and n-dimensional knots, *International Journal of Modern Physics A*, Vol. 21, Nos. 19-20 (2006) 4185-4196 arXiv:hep-th/0311136.

[34] E. Ogasa: Ribbon-moves of 2-knots: the Farber-Levine pairing and the Atiyah-Patodi-Singer-Casson-Gordon-Ruberman $\bar{\eta}$-invariants of 2-knots, *Journal of Knot Theory and Its Ramifications*, Vol. 16, No. 5 (2007) 523-543 math.GT/0004007, UTMS 00-22, math.GT/0407164.

[35] E. Ogasa: Local move identities for the Alexander polynomials of high-dimensional knots and inertia groups, *Journal of Knot Theory and Its Ramifications* Vol. 18 No, 4 (2009) 531-545 UTMS 97-63. math. GT/0512168.

[36] E. Ogasa: A new invariant and decompositions of manifolds, *Journal of Knot Theory and Its Ramifications*, Vol. 127 (2018) math. GT/0512320

[37] E. Ogasa: Ribbon-move-unknotting-number-two 2-knots, pass-move-unknotting-number-two 1-knots, and high dimensional analogue, (The 'unknotting number' associated with other local moves than the crossing-change), arXiv: 1612.03325 [math.GT], *Journal of Knot Theory and Its Ramifications*, (2018)

[38] E. Ogasa: Local-move-identities for the $Z[t,t^{-1}]$-Alexander polynomials of

2-links, the alinking number, and high dimensional analogues, *Journal of Knot Theory Dallas Proceedings* (2019) arXiv:1602.07775

[39] E. Ogasa: *n*-dimensional links, their components, and their band-sums, math.GT/0011163. UTMS2000-65.

[40] E. Ogasa: A new obstruction for ribbon-moves of 2-knots: 2-knots fibred by the punctured 3-tori and 2-knots bounded by homology spheres, arXiv:1003.2473[math.GT]

[41] E. Ogasa: Make your Boy surface, arXiv:1303.6448[math.GT]

[42] E. Ogasa: A new pair of non-cobordant surface-links which the Orr invariant, the Cochran sequence, the Sato-Levine invariant, and the alinking number cannot find, arXiv:1605.06874

[43] E. Ogasa: Introduction to high dimensional knots, arXiv:1304.6053 [math. GT]

[44] 小笠英志 『4次元以上の空間が見える』ベレ出版 2006.

[45] 小笠英志 『異次元への扉』日本評論社 2009.

[46] 小笠英志 『相対性理論の式を導いてみよう、そして、人に話そう』ベレ出版 2011.

[47] P. S. Ozsváth, A. I. Stipsicz and Z. Szabó: Grid Homology for Knots and Links, Mathematical Surveys and Monographs, American Mathematical Society 2015.

[48] D. Rolfsen: Knots and links Publish or Perish, Inc. 1976.

[49] D. Ruberman: Doubly slice knots and the Casson-Gordon invariants *Trans. Amer. Math. Soc.* 279 (1983) 569-588.

[50] C. Seed: Computations of the Lipshitz-Sarkar Steenrod Square on Khovanov Homology, arXiv:1210.1882.

[51] E. C. Zeeman: Unknotting spheres, Ann. of Math. Second Series, 72(1960) 350-361.

[52] E. C. Zeeman: Twisting spun knots *Trans*. Amer. Math. Soc. 115 (1965) 471-495.

動画の紹介と謝辞

　著者のウェブサイトに、この本と関連した、4次元、高次元についての動画を挙げています。これからも挙げていきます。

　ウェブサイトのURLは、今は

　　http://ndimension.g1.xrea.com/

です。著者名である「小笠英志」でも検索できます。諸事情で移行しなくてはならなくなることもあるかもしれません。その場合でも、名前で検索できると思います。ぜひ、ご覧ください。

　動画の作成に力を貸してくださった、以下の方々に感謝します。順不同。敬称略。
木村沙貴（チアリーディング全国大会出場者。そのチアリーディングチームを含む明治学院大学応援団の2019年度団長）、麦原　遼（作家。最近プロデビューしました。SF小説等を執筆）、長澤貴之（Webデザインなどの専門家。アメリカンフットボール全国高校大会準優勝）、Pensacola-Hiro

今アップしているのは、次のものです。
　［2］で発見されたボーイサーフェス（Boy surface）というものの工作。これは［41］で解説したものです。ボーイサーフェスの解説は［45］をご覧ください。

また、クラインの壺というものが非常にあっという間に工作できるという動画もあります。さらに、クラインの壺がメビウスの帯というもの2つからできているという説明の動画もあります。クラインの壺の解説も［45］をご覧ください。

　この拙著を読んでくださったある読者の方が、高次元が見えて感動して驚いている動画もアップしています。
　ぜひ、みなさんも驚いてください。

さくいん

【アルファベット】

B^0 ・・・・・・・・・・・・・・・ 168
B^2 ・・・・・・・・・・・・・・・ 168
B^3 ・・・・・・・・・・・・・ 91, 168
B^4 ・・・・・・・・・・・・・・・ 168
B^{n+1} ・・・・・・・・・・・・・ 168
D^2 ・・・・・・・・・・・・・ 90, 168
I ・・・・・・・・・・・・・・ 89, 168
$\mathbb{R}$ ・・・・・・・・・・・・・・・ 39
$\mathbb{R}^0$ ・・・・・・・・・・・・・・・ 43
$\mathbb{R}^1$ ・・・・・・・・・・・・・ 39, 43
$\mathbb{R}^2$ ・・・・・・・・・・・・・ 40, 42
$\mathbb{R}^3$ ・・・・・・・・・・・・・ 41, 43
$\mathbb{R}^4$ ・・・・・・・・・・・・・・・ 47
$\mathbb{R}^5$ ・・・・・・・・・・・・・・・ 48
$\mathbb{R}^n$ ・・・・・・・・・・・・・・・ 51
S^1 ・・・・・・・・・・・・・ 88, 154
S^2 ・・・・・・・・・・・・・ 88, 156
S^3 ・・・・・・・・・・・・・ 158, 167
S^n ・・・・・・・・・・・・・・・ 168

【あ行】

アレクサンダー多項式 ・・・・・・ 213
1次元球体 ・・・・・・・・・・・・・ 168
1次元球面 S^1 ・・・・・・・・・・ 167
1次元空間 $\mathbb{R}^1$ ・・・・・・・・・・ 39
1次元結び目 ・・・・・・・・・・・・ 91
1-ツイストスパン結び目
　　　　　　　　・・・・・150, 174
アーフ不変量 ・・・・・・・・・・・ 213
x 空間 $\mathbb{R}^1$ ・・・・・・・・・・・・・ 43
x 軸 ・・・・・・・・・・・・・・ 21, 24
xy 空間 $\mathbb{R}^2$ ・・・・・・・・・・・・ 42
xyz 空間 $\mathbb{R}^3$ ・・・・・・・・・・・ 43
xy 平面 $\mathbb{R}^2$ ・・・・・・・・・・・・ 42
n 次元球面 S^n ・・・・・・・・・・ 168
n 次元空間 $\mathbb{R}^n$ ・・・・・・・・・・ 51
n 次元の図形 ・・・・・・・・・・・ 54
n 次元結び目 ・・・・・・・・・・・ 169
$(n+1)$次元球体 B^{n+1} ・・・・・ 168
M理論 ・・・・・・・・・・・・・・・ 76
円周 ・・・・・・・・・・・ 88, 89, 164
円周 S^1 ・・・・・・・・・・・ 88, 154
円板 ・・・・・・・・・・・・・ 90, 165
円板 D^2 ・・・・・・・・・・・・・ 168
円板の中心 ・・・・・・・・・・・・ 90
オイラーの公式 ・・・・・・・・・ 186

【か行】

関数 ・・・・・・・・・・・・・・・・ 60
球体 ・・・・・・・・・・・・・ 91, 166

さくいん

球体の中心 ・・・・・・・・・・・・・・ 91
球体 B^3 ・・・・・・・・・・・・・・・・ 168
球面 ・・・・・・・・・・・・ 88, 89, 166
球面 S^2 ・・・・・・・・・・・・ 88, 156
局所操作 ・・・・・・・・・・・・・・ 198
空間 ・・・・・・・・・・・・ 23, 24, 42
経済 ・・・・・・・・・・・・・・・・・・ 65
ゲージ場の理論 ・・・・・・・・・・ 75
k-ツイストスパン結び目
・・・・・・・・・・・・・・・・・150, 174
交叉入れ替え ・・・・・・・・・・ 197
高次元空間 ・・・・・・・・・・・・ 56
高次元の図形 ・・・・・・・・・・・ 54
高次元ベクトル空間 ・・・・・・・ 75
5次元空間 $\mathbb{R}^5$ ・・・・・・・・・・ 48
古典的代数的位相幾何 ・・・・・ 225
コバノフ（・リプシッツ・サーカー）・ステイブル・ホモトピー・タイプ ・・・・・・223, 225

【さ行】

座標 ・・・・・・・ 19, 20, 24, 39
3次元球体 B^3 ・・・・・・・・・・ 168
3次元球面 S^3 ・・・・・・・ 158, 167
3次元空間 $\mathbb{R}^3$ ・・・・・・・・・・ 41
三葉結び目 ・・・・・・・・・ 93, 199
CW複体 ・・・・・・・・・220, 223
次元 ・・・・・・・・・・・・・・・・・ 51
自己接触した ・・・・・・・・・・・ 84
実数 ・・・・・・・・・・・・・・ 19, 39
自明な n 次元結び目 ・・・171, 174

自明な2次元結び目 ・・・・・・ 126
自明な結び目 ・・・・・・・・・・・ 92
写像 ・・・・・・・・・・・・・・・・・ 60
数学用語 ・・・・・・・・・・・・・・ 17
スパン結び目 ・・・147, 172, 199
積多様体 ・・・・・・・・・・・・・ 211
z 軸 ・・・・・・・・・・・・・・・・・ 24
0次元球体 B^0 ・・・・・・・・・・ 168
0次元球面 ・・・・・・・・・・・・ 167
0次元空間 $\mathbb{R}^0$ ・・・・・・・・・・ 43
0-ツイストスパン結び目 ・・・ 150
線分 ・・・・・・・・・・・・・・・・・ 89
線分 I ・・・・・・・・・・・・ 89, 168
相対論 ・・・・・・・・・・・・・・・ 71

【た行】

中心 ・・・・・・・・・・・・・・ 90, 91
超弦理論 ・・・・・・・・・・・76, 225
直線 ・・・・・・・・・・・・・・・・・ 19
twist-move ・・・・・・・・・・・・ 216

【な行】

2次元球体 B^2 ・・・・・・・・・・ 168
2次元球体 D^2 ・・・・・・・・・・ 168
2次元球面 S^2 ・・・・・・・・・・ 167
2次元空間 $\mathbb{R}^2$ ・・・・・・・・・・ 40
2次元の図形 ・・・・・・・・・・・ 53
2次元結び目 ・・・・・・・・126, 146

【は行】

場の量子論 ・・・・・・・・・・75, 225

| ($p,n+1-p$)-pass-move ······ 212
| 非自明な結び目 ············ 92
| 左手系 ················178，179
| 左手三葉結び目 ············ 94
| 標準理論 ·················· 75
| 複素関数 ·················· 64
| 複素平面 ·················· 64
| 閉区間 ················89，90
| 平面 ······················ 20
| 冪乗 ····················· 186
| ほどく ···················· 92
| ほどける ·············82，93
| （ほんとうに）結ばれている結び目 ···················· 92

【ま行】

-1-ツイストスパン結び目
　···················150，174
右手系 ················178，179
右手三葉結び目 ············ 94
三葉結び目 ···········93，199
結ばれていないn次元結び目
　························· 171
結ばれていない2次元結び目
　························· 126
結ばれていない結び目 ······· 92
結ばれている ·············· 92
結び目 ···············84，91
無定義語 ·················· 17

【や行】

4次元球体B^4 ············ 168
4次元空間$\mathbb{R}^4$ ·············· 47

【ら行】

リーマン面 ··············· 194
リボン操作 ··············· 204

【わ行】

y軸 ··················21，24

N.D.C.410　236p　18cm

ブルーバックス　B-2110

高次元空間を見る方法
次元が増えるとどんな不思議が起こるのか

2019年9月20日　第1刷発行
2020年4月10日　第4刷発行

著者	小笠英志（おがさえいじ）	
発行者	渡瀬昌彦	
発行所	株式会社講談社	
	〒112-8001 東京都文京区音羽2-12-21	
電話	出版　03-5395-3524	
	販売　03-5395-4415	
	業務　03-5395-3615	
印刷所	（本文印刷）豊国印刷 株式会社	
	（カバー表紙印刷）信毎書籍印刷 株式会社	
製本所	株式会社国宝社	
本文データ制作	ブルーバックス	

定価はカバーに表示してあります。
© 小笠英志　2019, Printed in Japan

落丁本・乱丁本は購入書店名を明記のうえ、小社業務宛にお送りください。送料小社負担にてお取替えします。なお、この本についてのお問い合わせは、ブルーバックス宛にお願いいたします。

本書のコピー、スキャン、デジタル化等の無断複製は著作権法上での例外を除き、禁じられています。本書を代行業者等の第三者に依頼してスキャンやデジタル化することはたとえ個人や家庭内の利用でも著作権法違反です。
Ⓡ〈日本複製権センター委託出版物〉複写を希望される場合は、日本複製権センター（電話03-6809-1281）にご連絡ください。

ISBN978-4-06-517283-4

発刊のことば

科学をあなたのポケットに

二十世紀最大の特色は、それが科学時代であるということです。科学は日に日に進歩を続け、止まるところを知りません。ひと昔前の夢物語もどんどん現実化しており、今やわれわれの生活のすべてが、科学によってゆり動かされているといっても過言ではないでしょう。

そのような背景を考えれば、学者や学生はもちろん、産業人も、セールスマンも、ジャーナリストも、家庭の主婦も、みんなが科学を知らなければ、時代の流れに逆らうことになるでしょう。ブルーバックス発刊の意義と必然性はそこにあります。このシリーズは、読む人に科学的に物を考える習慣と、科学的に物を見る目を養っていただくことを最大の目標にしています。そのためには、単に原理や法則の解説に終始するのではなくて、政治や経済など、社会科学や人文科学にも関連させて、広い視野から問題を追究していきます。科学はむずかしいという先入観を改める表現と構成、それも類書にないブルーバックスの特色であると信じます。

一九六三年九月　　　　　　　　　　　　　　　　　野間省一

ブルーバックス　数学関係書(I)

- 116 推計学のすすめ　佐藤信
- 120 統計でウソをつく法　ダレル・ハフ／高木秀玄 訳
- 177 ゼロから無限へ　C・レイド／芹沢正三 訳
- 325 現代数学小事典　寺阪英孝 編
- 408 数学質問箱　矢野健太郎
- 722 解ければ天才！　算数100の難問・奇問　中村義作
- 833 虚数 i の不思議　堀場芳数
- 862 対数 e の不思議　堀場芳数
- 908 数学トリック=だまされまいぞ！　仲田紀夫
- 926 原因をさぐる統計学　豊田秀樹
- 1003 自然にひそむ数学　佐藤修一
- 1013 フェルマーの大定理が解けた！　足立恒雄
- 1037 道具としての微分方程式　斎藤恭一／吉田 剛 絵
- 1074 違いを見ぬく統計学　豊田秀樹
- 1201 マンガ 微積分入門　岡部恒治／藤岡文世 絵
- 1243 マンガ おはなし数学史 新装版　仲田紀夫 原作／柳井晴彦 漫画
- 1312 高校数学とっておき勉強法　鍵本聡
- 1332 集合とはなにか　竹内外史
- 1352 確率・統計であばくギャンブルのからくり　谷岡一郎
- 1353 算数パズル「出しっこ問題」傑作選　仲田紀夫
- 1366 数学版 これを英語で言えますか？　保江邦夫 著／E・ネルソン 監修

- 1383 高校数学でわかるマクスウェル方程式　竹内淳
- 1386 素数入門　芹沢正三
- 1407 入試数学 伝説の良問100　安田亨
- 1419 パズルでひらめく 補助線の幾何学　中村義作
- 1429 数学21世紀の7大難問　中村亨
- 1430 Excelで遊ぶ手作り数学シミュレーション　田沼晴彦
- 1433 大人のための算数練習帳　佐藤恒雄
- 1453 大人のための算数練習帳 図形問題編　佐藤恒雄
- 1479 なるほど高校数学 三角関数の物語　原岡喜重
- 1490 暗号の数理 改訂新版　一松信
- 1493 計算力を強くする　鍵本聡
- 1536 計算力を強くする part2　鍵本聡
- 1547 やさしい統計入門　柳井晴夫／C・R・ラオ
- 1557 中学数学に挑戦　広中杯 ハイレベル 算数オリンピック委員会 監修／田栗正章／藤越康祝 解説　青木亮二
- 1595 数論入門　芹沢正三
- 1598 関数とはなんだろう　山根英司
- 1606 なるほど高校数学 ベクトルの物語　原岡喜重
- 1619 離散数学「数え上げ理論」　野﨑昭弘
- 1620 高校数学でわかるボルツマンの原理　竹内淳
- 1629 計算力を強くする 完全ドリル　鍵本聡

ブルーバックス　数学関係書（Ⅱ）

- 1657 史上最強の実践数学公式123　佐藤恒雄
- 1661 新体系 高校数学の教科書（上）　芳沢光雄
- 1677 新体系 高校数学の教科書（下）　芳沢光雄
- 1678 ガロアの群論　中村亨
- 1684 高校数学でわかる線形代数　竹内淳
- 1704 高校数学でわかる統計学　竹内淳
- 1724 ウソを見破る統計学　神永正博
- 1738 物理数学の直観的方法〈普及版〉　長沼伸一郎
- 1740 大学入試問題で語る数論の世界　清水健一
- 1743 マンガで読む 計算力を強くする　がそんみ゛マンガ銀杏社"構成
- 1757 高校数学入試問題でわかる統計学　竹内淳
- 1764 新体系 中学数学の教科書（上）　芳沢光雄
- 1765 新体系 中学数学の教科書（下）　芳沢光雄
- 1770 連分数のふしぎ　木村俊一
- 1782 はじめてのゲーム理論　川越敏司
- 1784 確率・統計でわかる「金融リスク」のからくり　吉本佳生
- 1786 「超」入門 微分積分　神永正博
- 1788 複素数とはなにか　示野信一
- 1795 シャノンの情報理論入門　高岡詠子
- 1808 算数オリンピックに挑戦'08〜'12年度版　算数オリンピック委員会 編
- 1810 不完全性定理とはなにか　竹内薫

- 1818 オイラーの公式がわかる　原岡喜重
- 1819 世界は2乗でできている　小島寛之
- 1822 マンガ 線形代数入門　鍵本聡"原作 北垣絵美"漫画
- 1823 三角形の七不思議　細矢治夫
- 1828 リーマン予想とはなにか　中村亨
- 1833 超絶難問論理パズル　小野田博一
- 1838 読解力を強くする算数練習帳　佐藤恒雄
- 1841 難関入試 算数速攻術　中川塁 松島りつこ"画
- 1851 チューリングの計算理論入門　高岡詠子
- 1870 知性を鍛える 大学の教養数学　佐藤恒雄
- 1880 非ユークリッド幾何の世界 新装版　寺阪英孝
- 1888 直感を裏切る数学　神永正博
- 1890 ようこそ「多変量解析」クラブへ　小野田博一
- 1893 逆問題の考え方　上村豊
- 1897 算法勝負！「江戸の数学」に挑戦　山根誠司
- 1906 ロジックの世界　ダン・クライアン／シャロン・シュアティル ビル・メイブリン"絵 田中一之"訳
- 1907 素数が奏でる物語　西来路文朗／清水健一
- 1911 超越数とはなにか　西岡久美子
- 1913 やじうま入試数学　金重明
- 1917 群論入門　芳沢光雄